Klaus Fetka − Markus Tomaschitz

Management 4.0
Vorbereitung auf die Zukunft

Klaus Fetka – Markus Tomaschitz

Management 4.0
Vorbereitung auf die Zukunft

Leykam

Gender-Erklärung
Aus Gründen der besseren Lesbarkeit haben wir uns in diesem Buch für die Sprachform des generischen Maskulinums entschieden. Bitte verstehen Sie die ausschließliche Verwendung der männlichen Form geschlechtsunabhängig.

© Leykam Buchverlagsgesellschaft m.b.H. Nfg. & Co. KG, Graz 2017

Covergestaltung: Peter Eberl, www.hai.cc
Coverfotos: © BillionPhotos.com; @ fotolia.de
Druck: Steiermärkische Landesdruckerei GmbH, 8020 Graz
Gesamtherstellung: Leykam Buchverlag
ISBN 978-3-7011-8036-3
www.leykamverlag.at

Inhaltsverzeichnis

Spannungsfeld Mitarbeiterführung

Bildung und mehr

Die Arbeit und wir – Partnerschaft mit Zukunft

Prolog

Der einzige Mensch, der sich vernünftig benimmt, ist mein Schneider. Er nimmt jedes Mal neu Maß, wenn er mich trifft, während alle anderen immer die alten Maßstäbe anlegen in der Meinung, sie passten auch heute noch.

George Bernard Shaw

Vorwort der Autoren

Wir trafen uns zum ersten Mal im Jahr 1990 als Mitarbeiter der Steirischen Volkswirtschaftlichen Gesellschaft in Graz, wo wir gemeinsam Seminare für Lehrlinge und Schüler abhielten. Wir waren beide Studenten, studierten Jus (Klaus Fetka, Anm.) und Betriebswirtschaftslehre (Markus Tomaschitz, Anm.). Seit damals hat uns das Thema Arbeit und Organisation nicht mehr losgelassen und wir haben in über 800 Seminaren in Unternehmen, an Fachhochschulen und Universitäten bis hin zu sozialen und Non-Profit Organisationen unsere Gedanken über das moderne Arbeitsumfeld im 21. Jahrhundert weitergetragen.

Der Gedanke, gemeinsam ein Buch zu schreiben, kam uns bei den vielen Vorträgen und Workshops, bei denen wir merkten, dass unsere Studenten und Teilnehmer bei Themen wie Prozessgestaltung, der Gestaltung von Arbeitsplätzen, Organisation und deren Entwicklung sehr im Detail interessiert waren. Es gab kaum ein Seminar, nach dem wir nicht gefragt wurden, ob es unsere Ausführungen und Gedanken nicht auch in Buchform gebe. Uns fiel auf, dass zum Großteil eine riesige Lücke klafft zwischen dem, was wir heute aus der Sozialforschung wissen – oder zu wissen glauben – und dem beruflichen Alltag am Arbeitsplatz. Besonders seit dem Ausbruch der Finanzkrise 2008 und der bis heute anhaltenden Verunsicherung bei Managern und Führungskräften nehmen Ambiguitäten, Volatilitäten und Orientierungslosigkeit zu. Dadurch wird Management zunehmend zu Anpassungsarbeit in einer entsicherten Welt. Die Amerikaner nennen das die VUCA-Welt (volatil, unsicher, chaotisch, vieldeutig). Doch es ist nicht nur die Vielzahl an Dimensionen von Umweltbedingungen, die für Manager relevant sind, sondern auch die zunehmende Geschwindigkeit der gefühlten Veränderungsvorgänge. Brexit, Industrie 4.0, Digitalisierung, CETA und TTIP, Generationenwandel beeinflussen unsere Entscheidungen und Handlungen als Führungskräfte. Dabei gibt es erfolgreich umgesetzte und wissenschaftlich belegte Konzepte, die wirken und die zeigen, wie man Organisationen und Arbeitsplätze so plant und gestaltet, dass gute Ergebnisse erzielt werden, Stress und Burnout vermieden und die Motivation auch in wirtschaftlich nicht immer einfachen Zeiten aufrechterhalten werden kann. Der Weg dorthin ist weder kompliziert noch schwer, sondern einfach und machbar.

Von Prognosen und vom Status-quo

Was nicht messbar ist, wird messbar gemacht

Zeiten ändern sich. Damit ändern sich die Voraussetzungen und die Vorzeichen einzelner Situationen und hier beginnen in vielen Unternehmen die Schwierigkeiten: Wir wollen unsere Organisationen so umbauen und verändern, damit wir bestmöglich auf die Herausforderungen des 21. Jahrhunderts vorbereitet sind. Gleichzeitig bestehen hohe Unsicherheiten darüber, was auf uns zukommt und wie wir zu reagieren haben. Wir verlassen uns auf Prognosen und auf Trendvorhersagen, die nicht zuletzt aufgrund der vielen Unsicherheiten auf den Finanzmärkten bei einem kritischen und ehrlichen Rückblick nicht mit dem tatsächlich Eingetretenen übereinstimmen. Es gibt Studien, die nahelegen, dass prognostizierte Trends gerade deshalb eintreten, weil sie so dominant vorhergesagt wurden: Selbstverständlich kaufen wir ein Teil in Gelb, weil auch die Stofflieferanten und Einkäufer den lautstark propagierten „Megatrend Gelb" nicht ignorieren konnten und sich so das Angebot am Markt entsprechend gestaltet. Es greift das Phänomen der selbsterfüllenden Prophezeiung.

Dass beispielsweise Finanzmärkte schon in ruhigeren Zeiten nicht prognostizierbar sind, liegt an der Vielfalt der Einflussfaktoren, von denen viele auf menschlichem Verhalten beruhen. Der überwiegende Teil dessen entzieht sich einer wissenschaftlich haltbaren Prognose. Die metrische Organisierbarkeit der Welt, der Wirtschaft und von Organisationen, wie sie uns in Statistiken begegnet, wird nach unserer Einschätzung und nach unserem Erleben nie mit den arithmetischen Handlungsweisen des Menschen in Übereinstimmung zu bringen sein. Das heißt, dass uns hier zwei Dinge begegnen: zum einen die Welt, wie sie wirklich ist. Zum anderen ein Modell von der Welt, das, wie alle Modelle, vereinfacht und von den jeweils gesetzten Prämissen her funktioniert. So ist beispielsweise die Bewertung eines

Unternehmens an der Börse eben nicht auf Bilanz und Geschäftskennzahlen zu reduzieren, sondern von sämtlichen wirtschaftlichen und politischen Entwicklungen sowie von Stimmungen und Naturereignissen abhängig, und zwar weltweit. Die wissenschaftliche Erklärung des sogenannten Random Walk (die Random-Walk-Theorie beziehungsweise Theorie der symmetrischen Irrfahrt beschreibt den zeitlichen Verlauf von Marktpreisen, insbesondere von Aktienkursen und Wertpapierpreisen, mathematisch) geht davon aus, dass die Märkte alle verfügbaren Informationen auch über die Zukunft bereits beinhalten – nur neue Informationen können sie bewegen. Neue Informationen sind aber eben neu und nicht vorhersehbar. In dieser strikten Form kann der Random Walk nur gelten, wenn die Märkte effizient sind und alle Informationen rational verarbeiten. Dass das nicht immer der Fall ist, haben wir gesehen. „Langfristig wird es steigen, aber vorher kann es noch mal runter gehen", versucht der Prognosegeber irgendwie immer Recht zu behalten. „Wenn nichts Unerwartetes passiert, werden wir das Jahresziel erreichen ...", berichtet der Geschäftsführer an den Vorstand. Passiert etwas Unerwartetes, hat er es ja gleich gesagt. Andernfalls hat er zumindest davor gewarnt, allzu euphorisch zu sein, denn man kann ja nie wissen.

Es gab kaum einen Skihersteller, den es Ende der 1990er-Jahre nicht nach China zog. Zu vielversprechend waren die Prognosen, dass bei 1,36 Milliarden Einwohnern zumindest jeder Zwanzigste sich im Laufe der kommenden fünf Jahre für den Skisport interessieren könnte und bei nicht mehr als einer Handvoll namhafter Skimarken mit Weltgeltung war jedes – auch kostenintensive – Engagement mehr als nachvollziehbar. Dass es trotz der tatsächlich zahlreichen ausgebauten Skiressorts mit hervorragender Infrastruktur, die seit der Jahrtausendwende entstanden sind, nach wie vor kaum Skifahrer gibt, haben manche Entscheidungsträger in der Branche viele Jahre lang ignoriert. Der Wintersport steckt den Chinesen nicht in den Genen, der Markt hat 2016 ein echtes Volumen von gerade mal 40.000 Paar verkauften Alpinskiern. Die Geschwindigkeit im chinesischen Markt ist in vielen Belangen geradezu atemberaubend, in anderen wiederum ist sie stockend und langsam. Aber das wollten (und wollen) viele nicht glauben. Nach Festlegung auf eine Prognose neigt der Mensch nämlich dazu, Bestätigung zu suchen und widersprechende Entwicklungen herunterzuspielen. Während und nach Wahlkämpfen ist das gut zu beobachten. Diese selektive Wahrnehmung führt dazu, dass meist zu lange an Fehlprognosen festgehalten wird, bis schlussendlich ein – dann oftmals gleich massives – Umschwenken erfolgt.

Hinterfragen wir unsere eigenen Prognosen!

Die Fehlbarkeit von Prognosen schürt in Unternehmen nachvollziehbarerweise das Misstrauen. Lückenlose Kontrolle von allen Seiten ist in vielen Organisationen die Antwort auf die unvermeidlichen Unsicherheiten wirtschaftlichen Handelns. Am Ende des Tages wird dadurch Wert vernichtet. Wir werden zu Dienern unserer Kontrollinstrumente und für sinnstiftendes und wertschöpfendes Arbeiten bleibt überhaupt keine Zeit mehr. Dieses beunruhigende Szenario ist längst zur Realität in einem überwiegenden Teil der Unternehmen geworden und entspringt nicht etwa unserer Fantasie.

Menschlichkeit, Augenmaß und Adaptivität

Unternehmens-Softwares wie beispielsweise SAP suggerieren, dass wir bei richtiger Anwendung und Implementierung im Unternehmen alle erfolgsentscheidenden Faktoren unter Kontrolle haben könnten. Am sichersten scheint es, alle Features und Kontrollinstrumente gleichzeitig zu installieren – mehr ist mehr. Aber mit Extrapolieren, der Bestimmung eines Verhaltens über den (mathematisch) gesicherten Bereich hinaus also, kommen wir schon lange nicht mehr weiter. Schon heute ist es aufgrund der hohen Komplexität und der Vielfalt an Möglichkeiten und denkbaren Szenarien ein schweres Unterfangen, ein Einjahres-Budget zu erstellen. Nicht einmal beim Trainer der National-Elf kommt es darauf an, ob er vorhersagen kann, wie viele Tore ein Spieler im nächsten Jahr schießen wird, sondern darauf, dass er die beste Mannschaft aufstellt, wenn angepfiffen wird. Weiters ist entscheidend, dass das Team während des Spiels adaptiv ist, sich aufeinander, auf den Gegner, auf Schiedsrichterentscheide einstellt und entsprechend reagiert oder agiert. In der Start-up-Industrie würde man auf das Team setzen, das für eine Idee brennt, und sei sie noch so außergewöhnlich und unvorstellbar. Es geht um den Glauben an diese Idee und das Vertrauen darauf, dass die Leute, die vor den Investoren stehen, wissen, was sie tun, die Besten ihres Faches sind, den finanziellen Input des Investors gut nutzen und den Wert des jungen Unternehmens mehren. Beide Beispiele verdeutlichen, dass Vertrauen, Augenmaß und das Erkennen des Sinns im Tun die Währung hinter jeder Entscheidung und Tätigkeit ist. Wir sind überzeugt davon, dass die Wirtschaft von dieser Art des unternehmerischen und eigenverantwortlichen Arbeitens sehr viel lernen kann. Was so viele Unternehmen daran hindert? Wir nennen es Pfadabhängigkeit. Menschen wollen verändern, aber sie wollen nicht verändert werden. Viele unternehmerische Veränderungsaktivitäten scheitern daran, dass die Betroffenen emotional nicht mitgerissen werden, und an der erdrückenden Bürokratie unserer Kontrollmechanismen. Der Wirtschaft ging es schon besser und trotzdem scheint es, dass wir den Status quo mit allen Mitteln erhalten wollen, ohne zu realisieren, dass wir nicht um notwendige Veränderungen herumkommen werden, wenn wir unseren Wohlstand erhalten und Wertschöpfung sicherstellen wollen – egal ob im Bildungsbereich, bei Pensionen und erworbenen Rechten bis hin zu den Unternehmen und den dort befindlichen Arbeitsplätzen. Die Macht eingefahrener Bahnen, Gewohnheiten und nicht zuletzt die Macht der Bequemlichkeit ist enorm: „Die da oben machen sowieso, was sie wollen." „In Summe geht es uns nicht schlecht." „Passt schon."

Management ist Anpassungsarbeit

Wir müssen adaptiv sein, bereit zu reagieren und zu verändern, sobald eine Entwicklung beginnt, die unseren Erwartungen oder Prognosen widerspricht. Der Planungshorizont der meisten Unternehmen erstreckt sich hingegen maximal bis zur nächsten Bilanz und auch der Faktor Arbeit wird lediglich als Kostenfaktor im Rahmen der Budgetierung – also für maximal ein Jahr – berücksichtigt. Unternehmen, die sich die Frage stellen, ob den Mitarbeitern die Arbeit, das Umfeld, die Bedingungen Spaß machen und ob ihre Mitarbeiter Sinn in der getätigten Leistung sehen und gemäß ihren Talenten eingesetzt sind, sind die Ausnahme. Es gibt Studien, die belegen: White-Collar-Mitarbeiter (also die Angestellten) haben andere Sorgen und Erwartungen an ihr Unternehmen als Blue-Collar-Mitarbeiter(die Mitarbeiter in den Werkstätten und im produktiven Bereich). Dem Mitarbeiter am Fließband ist Geld eher wichtig als weniger wichtig und es ist ihm wichtig, dass er als Alleinerzieher seine Familie gut ernähren kann. Ein sogenannter White-Collar-Mitarbeiter hingegen erachtet ganz andere Faktoren als wichtig. So schwer vorstellbar und exotisch ist das gar nicht. Dennoch: Passgenaue Wertschätzung in allen ihren Ausprägungen verliert immer mehr an Bedeutung und stolze Vorgaben in Leitbildern und Geschäftsgrundsätzen werden so sukzessive ausgehöhlt. Jede Firma und jede Führungskraft hat die Mitarbeiter, die sie mit ihrem Handeln verdient. Menschen werden so, wie wir sie in unserer Rolle als Vorbilder, Eltern oder auch Führungskräfte werden lassen.

Die Macht verschiebt sich

Eine zunehmende Machtverschiebung höhlt zusätzlich die eingesessene Idee von mächtigen Führungskräften und demütigen Mitarbeitern aus. Die Balance der Macht zwischen Mitarbeitern und Führungskräften hebt sich zunehmend auf. Mitarbeiter haben sich nicht etwa von heute auf morgen von reinen Befehlsempfängern und Untergebenen zu Kunden und Partnern entwickelt, die von ihren Vorgesetzten Führungsverantwortung, Personalentwicklung und optimale Arbeitsbedingungen einfordern. Trotzdem wird dieses rückgängige Abhängigkeitsverhältnis in den meisten Unternehmen immer noch ignoriert, oder ebenso wie das Thema Migration eventuell noch gar nicht richtig registriert und wahrgenommen. In den Monaten, in denen dieses Buch entstand, war das Thema Migration und Zuwanderung aufgrund der Flüchtlingswelle aus vielen Kriegsgebieten permanent in Diskussion. Die Frage kam auf, wie diese Menschen später in den europäischen Alltag und in die Arbeitswelt integriert werden können. Nun, die Frage kommt Jahre zu spät, denn Migration ist in den meisten Unternehmen längst ein Teil des Arbeitsalltags geworden, aber kaum ein Unternehmen beschäftigt sich wirklich damit. Wenn Unterschiede hochkochen, wird reagiert: Dann gibt es bei der Weihnachtsfeier zusätzlich zum Schnitzel auch Kosheres oder etwas mit Lamm; dann werden die Toiletten wieder auf die Bedürfnisse muslimischer Mitarbeiter zurückgebaut – anstatt sich mitten im Zeitalter der Migration mit den Bedürfnissen von Menschen verschiedener Ethnien zu beschäftigen, die sich in nie da gewesenem Maßstab miteinander vermischen.

Hilflosigkeit beim Finden von Lösungen

Natürlich gibt es keine leichten und schnellen Antworten auf alle diese Fragen, aber wenn man sich nicht mit diesen Fragestellungen beschäftigt, passiert das, wovor wir uns alle fürchten und das, was vielfach bereits zur Realität geworden ist: Das Problem ist da und wir stehen ihm weitgehend unvorbereitet gegenüber. „Unser bisheriges Asylsystem ist auf einen solchen Andrang nicht vorbereitet", hieß es, als die Flüchtlingsströme nicht mehr zu ignorieren waren. Monate später gibt es immer noch keine konkreten Zahlen aus den zuständigen Ministerien. Aber eines wissen wir: die Entscheidungsträger Europas verlangen „Bemühungen zur Integration anerkannter Asylbewerber " und gleichzeitig – selbstverständlich; vor der Wahl ist nach der Wahl – fordern wir von diesen Asylwerbern und Migranten, die „hier geltenden Gesetze und Regeln anzuerkennen". Willkommenskultur versus Anerkennungskultur. Im Austausch sozusagen. Da wünschen wir viel Vergnügen bei der Umsetzung im Unternehmensalltag. Wir tragen schwer daran, dass im Inneren noch immer gerne moralische Aufträge formuliert werden, welche sich aus unserer Geschichte herleiten und unsere politische Handlungsfähigkeit beeinträchtigen. Nirgends wird das gerade während des Entstehens dieses Textes so deutlich wie in der europäischen, insbesondere der deutschen und österreichischen Migrationspolitik. Das weitestgehende Ausbleiben eines Krisenmanagements ist aber auch das Resultat eines bislang krisenfreien Agierens. Wer ständig nur Schönwetter hat, wird bei Sturm hilflos sein – wie eben auch der Verwaltungsapparat, dessen Managementverständnis auf Akten- und Regelmäßigkeit beruht. Nicht Dekadenz oder Ökonomisierung stellen unsere großen Probleme dar, sondern das sture Festhalten an Dogmen, die Erstarrung unserer Herrscherkaste. Die Adaptivität entscheidet über die Kontinuität eines Gesellschaftsmodells, nicht eherne Gesetze von Werden und Vergehen.

Die Suche nach dem Sinn

Wenn wir Menschen Sinn gefunden haben und Sinn in einer Sache erkennen können, sind wir zu höchsten Leistungen, wenn es sein muss auch zu Opfern, bereit. Es ist Sinn, woraus die Kraft kommt, die Menschen brauchen, wenn die Motivation aufgebraucht, das Ziel aber noch nicht erreicht ist. Wer ein Warum zu leben hat, erträgt fast jedes Wie, war eine Formulierung die Viktor Frankl in Anlehnung an Friedrich Nietzsche häufig gebraucht hat. Wenn umgekehrt kein Warum mehr erkennbar ist, wenn der Mensch keinen Sinn mehr sieht, ist er nicht mehr zu Leistung und Verzicht bereit. Nicht selten führt dieser Zustand zu Resignation und Depression, von wo aus es nicht mehr weit ist hin zu suizidalen Gedanken oder gar zum Selbstmord. Sinn, so Viktor Frankl, kann nicht gegeben, schon gar nicht kann er gemacht werden. Sinn muss gefunden werden. Sinnmacher, Sinngeber, Sinnstifter zu sein, wird von vielen Führungskräften zeitgeistkonform, aber in Unkenntnis des Werkes von Viktor Frankl gefordert. Bei der Logotherapie und Existenzanalyse Viktor Frankls sind Selbsttranszendenz und Selbstdistanzierung zentrale Begriffe. Ersteres meint den hohen ethischen Wert der Hingabe an eine Aufgabe oder Person, letzteres das humorvolle Absehen von sich selbst. Zwei von der Selbstdistanzierung abgeleitete, sehr nützliche Techniken zum Umgang mit körperlichen Symptomen sind die Paradoxe Intention und die Dereflexion. Neurologische Ausfälle – beispielsweise lässt einen das Namensgedächtnis häufig im Stich – werden bei der Paradoxen Intention gekontert, indem man sich vornimmt, Weltmeister in dieser Disziplin zu werden, hier Weltmeister im Vergessen von Namen. Und meist tritt als paradoxer Effekt dieser Intention der neurologische Ausfall dann doch nicht ein, man erinnert sich an den Namen. Der Patient wünscht sich unter psychotherapeutischer Anleitung paradoxerweise exakt das herbei, wovor er sich fürchtet. Die Dereflexion hingegen fordert einen auf, das störende Symptom möglichst nicht zu beachten, an ihm vorbeizudenken und auf ein besseres, lohnenderes Ziel gerichtet zu bleiben – und siehe da, das Symptom verschwindet. Allgemein hilft logotherapeutisches Gedankengut unter anderem dabei, Leiderfahrungen mit Geduld und Tapferkeit zu ertragen:

> „Das Leiden, die Not gehört zum Leben dazu wie das Schicksal und der Tod. Sie alle lassen sich vom Leben nicht abtrennen ohne dessen Sinn nachgerade zu zerstören. Not und Tod, das Schicksal und das Leiden vom Leben abzulösen hieße, dem Leben die Gestalt, die Form nehmen. Erst unter den Hammerschlägen des Schicksals, in der Weißglut des Leidens an ihm, gewinnt das Leben Form und Gestalt." (Viktor Frankl, Ärztliche Seelsorge, S. 118).
> „Die Antwort, die der leidende Mensch durch das Wie des Leidens auf die Frage nach dem Wozu des Leidens gibt, ist allemal eine wortlose Antwort; aber sie ist die einzig sinnvolle Antwort." (Viktor Frankl, Der leidende Mensch, S. 241).

Beide Zitate, wie auch noch viele andere Stellen im Werke Viktor Frankls, zeigen deutlich, dass in Würde ertragenes, unvermeidbares Leiden Leistung ist, die den Menschen ausmacht, ihm ureigen ist. Welchen Anspruch haben wir nun heute an Sinnstiftung in der Arbeit? Dieser Frage spüren wir seit Jahren nach. Positive Rückmeldungen zu unseren Vorträgen und da vor allem zu unseren Kerngedanken und Aussagen darüber, was unserer Ansicht nach zu tun ist, um Erfolg auch in Zukunft sicherzustellen, ließen uns dranbleiben an der Idee, all das in Buchform zu bringen. Wir widmen all jenen unser Buch, denen daran gelegen ist, zu wissen und dadurch auch zu steuern, wie Arbeitsplätze der Zukunft beschaffen sein müssen, wie Macht richtig ausgeübt werden kann und wie wir Sinn stiften können für jene, die nach einer neuen Perspektive suchen. Wir widmen unser Buch all jenen, die Alternativen zum Bisherigen ausprobieren oder sich einfach die Freude an der Arbeit zurückerobern wollen.

Was gibt es Neues?

Wer viel liest, den interessiert diese Frage als Erstes. Was steht Neues in diesem Buch? Was steht in diesem Buch, was nicht schon in Tausenden anderen auch auf die eine oder andere Art geschrieben wurde? Steht überhaupt etwas in diesem Buch, das wir nicht schon wissen?

Wussten Sie zum Beispiel, dass in Deutschland jährlich rund 90.000 Buch-Neuerscheinungen auf den Markt kommen? Österreich bringt es im Jahr auf rund 8.000. 200 davon ordnet die Statistik dem Bereich Management zu. In Deutschland sind es im Jahr rund 2.500 Neuerscheinungen im Management-Sektor. Es wird also nicht vieles geben, worüber noch nicht ausführlich geschrieben wurde. Da ist es nicht verwunderlich, dass man beim Lesen diverser Management-Literatur immer wieder auf Aussagen stößt, die einem irgendwie bekannt vorkommen, die inhaltlich nicht wirklich neu sind. Die Realität klopft an die Tür, aber wir weigern uns, aufzumachen. Vor allem bei Ratgebern dominiert meist der Blick in die Vergangenheit. Das System „trial and error" funktioniert am Computer, klappt aber im Arbeitsalltag nicht so gut. Warum nicht? Weil sich unsere Welt – auch wenn Sie es nicht mehr hören können und das wirklich auch nicht neu ist – beinahe täglich verändert und es nichts bringt, unser Verhalten an gestrige Gegebenheiten anzupassen. Aus Fehlern lernen ist zwar löblich, was aber, wenn die Umstände schon wieder ganz andere sind zu dem Zeitpunkt, an dem wir das Gelernte vermeintlich besser oder richtig machen könnten? Viele Teilnehmer unserer Vorträge und Vorlesungen wollen wissen, wie sie in Zukunft erfolgreich sein werden und was sie dafür tun müssen. Sie hören gerne die Geschichten aus unserer Vergangenheit, in der wir auch das eine oder andere richtig falsch gemacht haben, und leiten daraus ab, was sie selbst anders oder besser machen können. Wir sind umgeben von Menschen, die ihr

Geld damit verdienen, jede Situation analytisch und rational zu beurteilen: Unternehmensberater, Coaches, Meinungs- und Zukunftsforscher. Solche Scheinsicherheiten kosten viel Geld. Allein für Prognosestudien werden weltweit 200 Milliarden Euro ausgegeben. Wir, die Autoren, fragen uns seit Jahren, warum wir nicht endlich damit beginnen, den Menschen und künftigen Generationen den Umgang mit Risiken und Unsicherheiten beizubringen, die nun einmal zu unserer Welt gehören. Es gibt kaum Bücher, die sich mit dem Thema Adaptivität und mit dem Umgang mit Unsicherheiten beschäftigen. Es gibt auch nur wenig Literatur über Resilienz, einmal abgesehen von psychotherapeutisch orientierten Werken. Der überwiegende Teil unserer Gesellschaft kann Überraschungen offenbar nicht viel abgewinnen. Hand aufs Herz. Wie oft gehen Sie morgens aus dem Haus, ohne nur die geringste Ahnung zu haben, wie das Wetter bis zum Abend wird? In unserer Realität ist es nicht möglich, Unsicherheiten auszuschalten, und vor lauter Kontroll- und Bürokratisierungswahn sind vielen von uns die Freude an der Arbeit und der Sinn derselben abhandengekommen. Die Realität klopft dauernd an die Tür, immer lauter, aber wir weigern uns beharrlich, aufzumachen.

Nichts gelernt aus der Krise

Ja, die Krise 2009 und ihre Folgen: Arbeit und Beschäftigung sind zur großen Herausforderung unserer Zeit geworden. An die 500.000 Arbeitslose im Jahresdurchschnitt in Österreich, 30 Millionen ohne Beschäftigung in der Europäischen Union, über 40 Millionen in den OECD-Ländern bei durchwegs steigender Tendenz sind nicht als statistische Größe, sondern als echte gesellschaftspolitische und soziale Aufgabe zu sehen. Was haben wir aus der Krise eigentlich gelernt? Für die Japaner heißt Krise „kiki": Das eine ki steht für Krise, das andere ki für Chance. Haben wir gesehen, welche neuen Chancen wir nutzen müssen, damit wir aus unserer aktuellen Krise herauskommen? Eher nicht. Wir dümpeln in einer kumulativen Lethargie herum, hoffen, dass es bald wieder aufwärts geht und wir unser gutes altes Wirtschaften zurückbekommen („In Summe geht es uns ja ganz gut." „Passt schon."). Dabei war die Zeit für neue, innovative Ansätze nie so gut wie jetzt.

Arbeit und Berufsbilder wandeln sich, aber unser Bildungssystem steckt im vorvorigen Jahrhundert. Heute gibt es kein industrialisiertes, westliches Land, das nicht über eine Änderung des Bildungssystems nachdenkt. Es kommt vermehrt zu Schwierigkeiten bei der Überleitung Jugendlicher aus dem Bildungswesen in das Beschäftigungssystem – und das auf allen Ebenen formaler Qualifikation. Unser Bildungssystem ist in der Entwicklung im vorvorigen Jahrhundert stehen geblieben. Es unterrichten Lehrer und Dozenten, die Zeit ihres Berufslebens die Schule bzw. Hochschule nicht verlassen und keinen Bezug zu den Anforderungen der Wirtschaft haben. Die Vermittlung von praxisrelevantem Wissen, die gezielte Potenzialförderung bleibt auf der Strecke. Aufgrund des technologischen und organisatorischen Wandels wird eine gute und vor allem die richtige Ausbildung immer wichtiger und die Arbeit für Geringqualifizierte weniger werden. Wie steuern wir dieser Entwicklung entgegen? Gar nicht: Reformen, die ihrem Namen nicht gerecht werden, werden vor der Wahl dem Wählervolk vor die Füße geworfen und nach den Wahlen zurückgenommen, was aber in den wenigsten Fällen schmerzhaft ist, da sie ohnehin an den falschen Ecken ansetzen. Was schmerzt, ist, dass sich nichts bewegt in unserem Bildungssystem – und das, obwohl Nationen wie Norwegen oder Finnland uns so wunderbar vorführen, wie es gehen kann. Wir müssten uns das nur abschauen.

Unattraktive Karrieremodelle

Die klassische Erwerbsarbeit – möglichst langfristig arbeits-
rechtlich abgesicherte und sozialversicherte Beschäftigungs-
verhältnisse in Verbindung mit einer Stufenleiter der hierarchisch organisierten Karriere – wird für immer weniger
Menschen ein kalkulierbares Element der Berufs- und Le-
bensgestaltung sein. Die work to have a nice life-Mentalität
– der Job als notwendiges Übel, um ein angenehmes Leben
führen zu können – nimmt zunehmend Überhand, wie viele
Studien zeigen. Die Generation der Erben, die über ausreichend Vermögen verfügt und nicht mehr unmittelbar von
ihrem Einkommen abhängig ist, spielt in diesen Statistiken
eine erhebliche Rolle.

Neue Berufe und Jobs

Traditionelle Berufsbilder und Berufskarrieren verändern
sich inhaltlich und in ihren äußeren Ausprägungen. Manche
Berufe verschwinden beinahe unbemerkt: So verschwinden
die Berufe des klassischen Reprotechnikers und des Dru-
ckers, dafür entstehen diese Berufsbilder in neuer Form
durch die Digitalisierung. Ähnliches gilt im Medienbereich,
bei Informationsleistungen und in vielen technischen Bereichen. Zehn der Top-Jobs im Jahre 2015 hat es 2005 noch
nicht gegeben – zumindest konnten wir uns damals unter
einem App-Designer oder einen Hochvolttechniker in der
Automobilbranche noch nicht wirklich etwas vorstellen.

„Was mit Medien!" ist eine der Top-Antworten, wenn
man Schul- und Studienabgänger nach ihrem Berufswunsch
fragt. Besonders Mutige sagen sogar „irgendwas mit Min-
destsicherung!". Dabei ist der Arbeitsmarkt in vielen Bereichen der Medienbranche bereits ziemlich gesättigt. Viele
Journalisten haben Schwierigkeiten, Jobs zu finden. Und
weil immer mehr Verlage und Redaktionen fusionierten,

die Zahl der Leser von Printprodukten stetig sinke und sich Zeitungen nur suboptimal an den digitalen Wandel anpassten, werden immer mehr Journalisten arbeitslos werden, warnt das US-amerikanische Arbeitsministerium beispielsweise ausdrücklich. Wirtschaftsexperten haben diese Einschätzung für Europa bestätigt, was für die Spezialisten nicht schwer herauszufinden war, denn wir sind bereits mittendrin in dieser Entwicklung und lassen uns nun gemütlich von ihr hin- und herschaukeln.

Warum verschwinden Berufe? Ausschlaggebend ist der Wandel in Technik, Arbeitsorganisation und Wirtschaft. Auch fehlende Nachfrage oder die billig produzierende Konkurrenz aus Asien verändert die weltweite Berufs- und Produktionslandschaft. Von den 900 Berufen der Nachkriegszeit sind in Deutschland gerade mal 345 geblieben, in Österreich sind es etwas mehr als 200. Werden über mehrere Jahre hinweg in einem Beruf keine Anfänger mehr ausgebildet oder ist er nicht mehr zeitgemäß, wird er ersetzt oder abgeschafft. Die Branche teilt uns mit, welche Berufe sie nicht mehr benötigt. 2011 verschwand zum Beispiel der Handschuhmacher, 2010 der Emaille-Schriftenmacher, 2009 der Schiffszimmerer, 2008 der Schirmmacher. Mit den Berufen verschwindet auch ein Stück Kultur. Manchmal regt sich Widerstand. Der Geigenbauer ist so ein Beispiel, ein Traditionsberuf, doch eigentlich kaum noch benötigt. Nicht immer ist verschwunden, was in den Listen der Ausbildungsmöglichkeiten nicht mehr auftaucht. Die Branchen modernisieren die Berufe und ändern die Ausbildung, um sie zu retten und den heutigen Gegebenheiten anzupassen. 2013 starben in Deutschland gleich elf Metallberufe aus. Sie alle werden dann vom neuen und modernisierten Beruf der Fachkraft für Metalltechnik ersetzt.

Der Geomatiker erledigt nun, was einst Vermessungstechniker, Bergvermessungstechniker und Kartografen taten. Und der altmodische Müller hat vor fünf Jahren den

Zusatz „Verfahrenstechnologe in der Mühlen- und Futtermittelwirtschaft" bekommen. Das beschreibt wohl eher, was auf moderne Müller zukommt. Auch das Verhältnis der Anteile Produktion zu Dienstleistung und Service verschiebt sich zunehmend: Bei produktionsbezogenen Berufen gehen die Experten von einem Rückgang aus. Das verarbeitende Gewerbe ist ein wichtiger Abnehmer von Dienstleistungen und hat damit einen wesentlichen Einfluss auf das Wachstum des Dienstleistungssektors. Umgekehrt sind die Impulse, die von Dienstleistungen auf das verarbeitende Gewerbe ausgehen, geringer. Zahlreiche Studien haben auf dieses Zusammenspiel von Industrie und Dienstleistungen hingewiesen, in der wirtschaftspolitischen Debatte werden diese Zusammenhänge aber immer noch viel zu wenig beachtet und dementsprechend mangelhaft sind Unternehmen und Menschen informiert geschweige denn vorbereitet. Eine eindimensionale Beurteilung der Triebfedern des wirtschaftlichen Wachstums allein auf der Basis der Wirtschaftsstruktur einer Volkswirtschaft greift zu kurz. Sie unterschätzt die Bedeutung des verarbeitenden Gewerbes und überschätzt diejenige des Dienstleistungssektors, was einen Rückgang an Technikerberufen unmittelbar zur Folge hat.

Das Arbeitsrecht ist „Out of Time"

Heute versuchen viele Unternehmen verzweifelt, die Arbeitswelt und deren Realitäten mit einem kasuistischen, übernormierten und zersplitterten Arbeitsrecht in Einklang zu bringen. Das ist eine sportliche Übung, denn zeitlich begrenzte Projektteams und Arbeitsgemeinschaften vermehren sich ebenso wie Möglichkeiten des Leasings von Arbeit und von Formen der Zusammenarbeit in wechselnden Funktionsbezügen. Dem Abbau von Arbeitskräften in der Industrie stehen beispielsweise wachsende Beschäftigungsfelder in den industrienahen Dienstleistungen gegenüber, die zusätzlich zur fachlichen Qualifikation unternehmerische Fähigkeiten voraussetzen. Die Sicherheit von verbeamteten Beschäftigungsverhältnissen wird obsolet, wenn das Verhältnis von Leistung und Kosten in Hinblick auf die globale Wettbewerbssituation nicht mehr stimmt – dies gilt nicht nur für den einzelnen Arbeitsplatz, sondern auch für Unternehmen und die Gesellschaft als Ganzes.

Diese neue Welt der Arbeit erfordert die Fähigkeit und die Bereitschaft, sich in wechselnde Arbeits- und Berufsumgebungen zu integrieren, eigene Leistungen und deren Nutzen zu präsentieren, zu vermarkten und auch in Zeiten wachsender äußerer Unsicherheit durch die Fähigkeit zur Orientierung, zur Weiterqualifizierung und durch unternehmerisches Handeln eine individuell abgestützte Sicherheit zu finden. Es ist die Aufgabe von Schule und Bildungswesen, junge Menschen mit dem für Leben und Beruf erforderlichen Wissen und Können auszustatten. Aus den oben beschriebenen Entwicklungen bzw. längst schon Realitäten ergibt sich die Verantwortung, auf Tempo und Tiefgang dieser Veränderungen in der Berufs- und Arbeitswelt hinzuweisen und endlich daran zu arbeiten, jene Fähigkeiten und Einstellungen zu entwickeln, die es jungen Menschen ermöglichen, in einem real gegebenen Berufsumfeld ihren selbstbestimmten Weg zu gestalten.

Hire slow, fire fast – Wissen ist Macht

Sourcing ist HR- und Management-Aufgabe Nummer eins. Peter Drucker schrieb vor einigen Jahren in einem Artikel im Harvard Business Review: "the only comparative advantage of the developed countries is in the supply of knowledge workers". Der Schwerpunkt künftiger Managementtätigkeit liege darin, Wissensressourcen im Unternehmen nutzbar zu machen. Wissen ist allerdings eine äußerst mobile Ressource: Sie befindet sich in den Köpfen der Mitarbeiter und kann beim Verlassen des Unternehmens problemlos mitgenommen werden. Das macht das Management dieser Ressource schwierig.

Mitarbeiterqualifikation, Mitarbeiterzufriedenheit und Mitarbeiterbindung sind längst zu bedeutsamen Kennzahlen in Unternehmen geworden, aber nur sehr wenige Unternehmen machen diese intangiblen Wissens- und Humanressourcen messbar und managebar. Dabei gibt es schon gute Ansätze, der Scandia Navigator ist einer davon: Dahinter steht die Annahme, dass der Wert eines Unternehmens weit mehr ist als der reine Buchwert, wichtiger und wertvoller ist das intellektuelle Kapital des Unternehmens und dieses soll erfasst und gemanagt werden.

Es ist eine Notwendigkeit für Unternehmen, Wissensbilanzen zu etablieren, die aussagekräftig, authentisch und nachhaltig sind, aber vor allem: die im Unternehmensvergleich verwendbar sind und ein transparentes Bild nach außen geben. Das Ergebnis muss eine Kennzahl sein: Wie viel ist das Wissen, das in unserem Unternehmen besteht, tatsächlich wert? Nur wenige Unternehmen investieren bisher in die Sichtbarmachung ihres intellektuellen Kapitals, dabei sollten auch die börsennotierten Unternehmen (und hier vor allem die europäische Industrie) massives Interesse an diesem wichtigen Entwicklungsschritt in der Unternehmensbewertung haben, könnte man denken.

Knowledge-Workers werden sich in Zukunft zunehmend als Berater, Part-Timers oder Joint-Venture-Partner verhalten. Die Suche nach neuen Formen der Zusammenarbeit, die den Bedürfnissen solcher Mitarbeiter besser gerecht werden, wird nicht ausbleiben. Produkte, Prozesse, Ausstattung, Hardware und so weiter werden in der Zukunft immer mehr zugunsten des Wissens und der Qualifikation der Mitarbeiter als spielentscheidender Faktor für den Unternehmenserfolg in den Hintergrund treten. Die Gattung Management-Buch ist anfällig für Wiederholungen. Natürlich. Die Probleme des Zusammenarbeitens und Wirtschaftens werden immer dieselben sein. Die Worthülsen drumherum ändern sich und es kommen auch neue Worte dazu, weil neue Formen der Kommunikation entstehen und neue Technologien in unser Leben Einzug halten. Aber die Antworten wurden alle schon gegeben. Immer wieder neu ist nur das Publikum. Es gibt neue Generationen, die vielleicht ein kleines bisschen anders auf die Dinge blicken. Aber vor allem gilt: Es gibt neue Menschen, die sich für diese Dinge interessieren. Hinzu kommt, dass wir uns natürlich selbst verändern, unsere Perspektiven ändern sich. Wir sind schlecht vorbereitet auf Unvorhergesehenes und haben einen hohen Bedarf an Orientierung. Reinhard K. Sprenger sagte in einem Interview, Menschen in Führungspositionen besäßen selbst kaum noch Orientierungsautorität. Sie versuchten ständig, Verantwortung an Experten zu delegieren und sich hinter Expertenwissen zu verstecken. Erfahrungswissen würde verdrängt. Dieses Phänomen sehen wir nicht nur in der Wirtschaft, sondern auch in der Politik, und zwar in einem Ausmaß, das von der fehlenden demokratischen Legitimation für Entscheidungen bis hin zum Verfassungsbruch reicht.

Unternehmen sind immer noch Status-quo-Organisationen

Wir sind mittendrin in einer Arbeitswelt, die mit jener vor zehn Jahren so gut wie nichts mehr gemeinsam hat. Trotzdem stellen sich Unternehmen und Menschen weder auf die Gegebenheiten ein, die sie umgeben, noch bereiten sie sich auf die Zukunft vor.

Unternehmen sind Status-quo-Organisationen. Man muss zugeben, dass sie immer nur rhetorisch und theoretisch zu neuen Ufern aufbrechen und ihnen Veränderungen grundsätzlich wesensfremd sind. Ein von außen kommender Impuls, der sagt, „jetzt sind wir fünf Jahre in eine

Richtung gerannt, jetzt gehen wir mal in die andere", der fördert die Neuorientierung und hält die Leute wach. Meistens kommt der Impuls von einer neuen Führungskraft oder einem neuen Eigentümer. Er muss sichtbar machen, dass sich unter seiner Führung etwas zum Besseren wendet und macht das Logische. Er macht es anders als sein Vorgänger, damit kann er nicht falsch liegen. Viele Autoren von Management-Literatur versprechen ihren Lesern Erfolgsrezepte und Werkzeugkisten, mit denen das Erhoffte gelingt. Meistens Veränderung, Verbesserung. Einmal kurz gegoogelt, fanden sich im Internet zehn Bücher über das Erfolgsmodell Apple – zum Nachmachen für jedermann sozusagen. Diese Übertragbarkeit existiert aber nicht, denn es wird Korrelation mit Kausalität verwechselt. Bei Korrelationen, sofern sie nicht zufällig sind, kann immer eine Kausalität vermutet werden. Die Korrelation sagt jedoch nichts über die Richtung der Kausalität aus. Beispiel: Der Kohlendioxidgehalt der Atmosphäre korreliert mit der Temperatur der Erde. Ob er nun aber die Ursache oder eine Folge des Temperaturverlaufs ist, bleibt zunächst einmal offen. Noch ein Beispiel: „Reichtum schützt vor Herzinfarkt". Wenn man also die Kluft zwischen Arm und Reich verkleinert, so eine Interpretation, wären die Menschen gesünder. Drehen wir als Test doch einmal die Aussage um. Klingt das auch noch sinnvoll? „Gesündere Menschen sind reicher". Klingt nachvollziehbar, schließlich bedeutet Gesundheit Leistungsfähigkeit. Daraus könnte man also schließen, wenn die Leute gesünder wären, würde die Kluft zwischen Arm und Reich verkleinert. Bevor wir also Handlungsbedarf anmelden, sollten wir noch einmal genauer hinsehen, in welche Richtung die Kausalität geht.

Ein letztes Beispiel: Kevin und Chantal sind schlecht in der Schule. Sind sie schlecht, weil sie so heißen? Oder heißen schlechte Schüler häufiger so? Oder existiert der Einfluss eines dritten Faktors und ist es so, dass sozial schwache Eltern

Kinder haben, die oft schlecht in der Schule sind und die sie häufiger Kevin und Chantal nennen?

Unternehmerischer Freiraum macht zukunftsfähig Compliance

Kleinste Dinge werden in Unternehmen geregelt und auf ihnen liegt größte Aufmerksamkeit. Eine Art Ablenkungsmanöver, denn durch die Komplexität der großen Zusammenhänge fehlt der Blick auf die wesentlichen Faktoren, die es im Inneren zu regeln gilt. Im Prinzip geht es darum, letzte Reste von Selbstverantwortung und Unternehmertum zu verteidigen. In vielen Firmen ist heute alles verboten, was nicht explizit erlaubt ist. Wenn in Belgien bei einem Handelsunternehmen ein Kühlschrank umfällt und ein Kind von diesem Kühlschrank getötet wird, greift anschließend die Politik ein. Und jetzt muss jeder Kühlschrank in Europa doppelt befestigt werden, auch wenn in den 130 Jahren davor nie ein Kühlschrank umgefallen ist. Das kostet Milliarden.

Die Notwendigkeit, nach mehr unternehmerischem Freiraum zu rufen, ist heute dringender denn je. Veränderungen sind Unternehmen wesensfremd – und auch den meisten Menschen wohnt der Wunsch und die Bereitschaft zu Veränderung nicht wirklich inne. Eine der wichtigsten Führungsaufgaben aber ist es, die Zukunftsfähigkeit eines Unternehmens zu sichern und dazu braucht es heute nach allgemeiner Ansicht möglichst viel Information über möglichst alles. Zu viele Informationen maximieren aber die Ungewissheit. Je mehr Informationen Entscheidungsträger zur Verfügung haben, desto mehr treten Unternehmen auf der Stelle, wenn vor lauter Kontrolle und Informations-Einholung erst recht keine Entscheidungen mehr getroffen werden. Das Unternehmen weiß also immer noch nicht genau, in welche Richtung es sich verändern soll, es sei denn, die Prognosen der Berater sind wirklich eindeutig. Dann weiß das Unternehmen aber immer noch nicht, wie es sich verhalten soll, wenn alles anders kommt als vorhergesagt! Nichts Neues also? Wieso geht es uns dann nicht besser? Neu ist an unserem Buch also im Grunde nichts. Im Gegenteil. Das meiste davon ist schon ziemlich alt. Wir scheinen vieles nur vergessen zu haben, das es wert ist, in Erinnerung gerufen zu werden und dass man wieder einmal darüber nachdenkt.

Macht und ihre Spielarten

Macht

„Wenn Sie in Ihrem Garten einen Apfelbaum haben und hängen nun an denselben einen Zettel, auf den Sie schreiben: Dies ist ein Feigenbaum, ist denn dadurch der Baum zum Feigenbaum geworden? Nein, und wenn Sie Ihr ganzes Hausgesinde, ja alle Einwohner des Landes herum versammelten und laut und feierlich beschwören ließen: Dies ist ein Feigenbaum – der Baum bleibt, was er war, und im nächsten Jahr, da wird sich's zeigen, da wird er Äpfel tragen und keine Feigen. […] Was auf das Blatt Papier geschrieben wird, ist ganz gleichgültig, wenn es der realen Lage der Dinge, den tatsächlichen Machtverhältnissen widerspricht ...“ (Ferdinand Lassalle: Über Verfassungswesen: Interpretation und Kritik der vorliegenden Quelle; Frank Baumann (Autor), Ausgabe: 4. November 2013)

Macht. Ein altertümliches Wort irgendwie, aber faszinierend. Was ist Macht? Die Frage ist nicht neu und sie ist berechtigt. Seit Menschen angefangen haben, über sich selbst nachzudenken, stehen die Grundtatsachen des menschlichen Zusammenlebens auf dem Prüfstand und entsprechend vielfältig sind die Antworten, die im Laufe der Geschichte auf die Frage nach der Macht gegeben wurden. Max Weber definiert Macht als „jede Chance, innerhalb einer sozialen Beziehung den eigenen Willen auch gegen Widerstreben durchzusetzen, gleichwie, worauf diese Chance beruht.“ (Max Weber: Wirtschaft und Gesellschaft, S. 28)

Die Kurzdefinition im Springer-Gabler-Wirtschaftslexikon lautet „Macht. Wirtschaftlich: Möglichkeit einzelner oder mehrerer zusammenwirkender Wirtschaftssubjekte zur Beeinflussung der Willensentscheidung anderer Wirtschaftssubjekte zur Förderung der eigenen Interessen.“ (http:// wirtschaftslexikon.gabler.de/Definition/macht.html)

Das klingt gleich weniger sympathisch als die Idee von Max Weber.

Die Macht sei mit Dir!

Die beiden Definitionen und was sie beim Lesen in uns auslösen, zeigen uns ein Wort, das fantastische Dehnungsübungen vollbringen muss, um allen Vorstellungen von ihm gerecht zu werden. Im Englischen oder Französischen werden die Worte für Macht – power und pouvoir – mit Kraft in Verbindung gebracht und sind absolut positiv besetzt. Unser Wort Macht hingegen scheint einen permanenten Trittbrettfahrer zu haben – nämlich die Gewalt. Beide Begriffe werden vielfach synonym verwendet und besetzen im Wechsel dieselben Bedeutungsfelder. In einer Zeit, in der es so viele Kriegs- und Krisengebiete auf der Welt gibt wie seit Langem nicht und in der selbst in Unternehmen kriegsähnliche Zustände herrschen, ist es nicht verwunderlich, dass die Begriffe zunehmend verschwimmen. Wirtschaftlicher Druck, das Auseinanderdriften von Arm und Reich, Konkurse von großen Unternehmen vielfach belastet mit der Hypothek von Machtmissbrauch und Korruption, Bestechung und Betrug. Macht wandelte sich mit der Zeit. Wer heute nach Macht fragt, findet sie in anderer Gestalt als zum Beispiel in der Antike. Vor nicht so langer Zeit war die Antwort auf die Frage klar, wer die mächtigste Person in einem Unternehmen sei. Es war immer die, die sich in der Hierarchie ganz oben befand. Heute ist das ganz anders. Macht ist kaum zu orten, es ist kaum auszumachen, wer ein Land, ein Unternehmen, ein Team tatsächlich beeinflusst, steuert und festlegt, wohin die Entwicklung geht: Die Konzerne? Die Politik? Die Menschen? Viele verbinden Macht mit Politik, Banken, Top-Führungskräften, Unternehmerpersönlichkeiten oder großen Konzernen und sie denken dabei eigentlich an den Missbrauch von Macht. Dabei ist Macht grundsätzlich etwas Wertneutrales und Macht findet immer statt. Es gibt kein funktionierendes Modell menschlichen Zusammenlebens ohne Machtbeziehung. Ein so großes Wort gibt es nicht ohne Gegenleistung. Welche Pflichten gehen nun mit Macht einher? Muss der Mächtige tugendhaft sein, wie Aristoteles meint, oder ist er zwangsläufig korrupt, wie Machiavelli es geradezu empfiehlt? Oder verhält es sich so wie Immanuel Kant schreibt: „Macht ist ein Vermögen, welches großen Hindernissen überlegen ist. Ebendieselbe heißt eine Gewalt, wenn sie auch dem Widerstande dessen, was selbst Macht besitzt, überlegen ist." Kants Definition deutet es bereits an. Wer verantwortungsvoll mit Macht umgehen will, kann eigentlich nur eines tun: Bewusst und wohlüberlegt handeln und die zur Verfügung stehende Macht gut einsetzen. Das hört sich schön an, aber nicht immer steht der verantwortungsbewusste Umgang mit Macht im Vordergrund. Vor allem dann nicht, wenn manche Mächtige erst einmal erkannt haben, dass es auch ohne Konsens, ohne Nachdenken und ohne Respekt gelingt, seinen Willen durchzusetzen.

Macht und Mächtige

Als praktizierender Arzt, der körperliche Leiden behandelte und als aktiver Teilnehmer an Sigmund Freuds psychoanalytischen Diskussionsrunden entdeckte Viktor Adler, dass bei jeder Lebensäußerung des Menschen körperliche und seelische Vorgänge immer gemeinsam wirksam sind und eine unteilbare Einheit, ein Individuum, bilden. Diese Entdeckung bildet heute die Grundlage der Psychosomatik. Beim Beobachten von Organminderwertigkeiten konnte Adler feststellen, dass Körper und Psyche die Tendenz haben, diese auf irgendeine Art zu kompensieren. Situationen der Minderwertigkeit oder Unterlegenheit fand Adler im psychischen Bereich vor allem bei den drei Lebensaufgaben Arbeit, Liebe und Gemeinschaft wieder. Sie lösen beim Menschen einen Gefühlszustand aus, den Adler Minderwertigkeitsgefühl nannte. Ähnlich wie bei der Kompensation einer Organminderwertigkeit ist die menschliche Psyche bestrebt, diesen Zustand der Unterlegenheit durch ein – wie Adler es nannte – Geltungsstreben zu überwinden. Wie gut der Mensch in der Lage ist, solche Herausforderungen des Lebens zu bestehen, hängt nach Adler in erster Linie davon ab, wie er die erste Unterlegenheitssituation, seine Hilflosigkeit als Säugling, bewältigen konnte. Adler stellte fest, dass dieser positive Antrieb im Wachstums- und Entwicklungsprozess die Grundlage für die Erziehbarkeit des Menschen bildet, weil er in dieser Situation unbedingt auf die Hilfe seiner Beziehungspersonen angewiesen ist. In dieser frühen Wechselbeziehung zwischen Mutter und Kind bildet sich ein Gefühl des Aufgehoben-Seins unter den Menschen, das Adler Gemeinschaftsgefühl nannte, und das zu einem unbewussten Persönlichkeitsanteil wird. Das Gemeinschaftsgefühl steht im Zentrum der Adler'schen Lehre, weil es den Gradmesser für die seelische Gesundheit von Individuum und Gemeinschaft darstellt. Im Menschenbild Adlers hat das Individuum eine Sozialnatur, die von einem Gemeinschaftsgefühl geleitet ist. Adler untersuchte auch die abweichenden und die krankhaften psychischen Erscheinungen. Nach seinem Prinzip der Einheit seelischer Vorgänge sah er diese als irrtümliche Antworten auf die Anforderungen des Lebens. Ein verstärkt erlebtes Minderwertigkeitsgefühl, dem Adler den Begriff Minderwertigkeitskomplex gab, konnte zu einer Überkompensation in Form eines überhöhten Geltungsstrebens oder zum sogenannten Willen zur Macht führen.

Bitte tippen Sie jetzt nicht „Psychopathen in der Chefetage" oder etwas in der Art in Ihre Suchmaschine, nichts liegt uns ferner, als Ihnen Angst zu machen. Die Gedanken Adlers sind einfach hochinteressant und es wert, sich mit ihnen zu beschäftigen, sie zu reflektieren, über sie nachzudenken. Wir wollen sie gerade an dieser Stelle nicht als Feststellung oder als Wertung verstanden wissen. Die vorangegangenen Versuche einer Darstellung und Definition von Macht zeigen einfach sehr gut auf, wie schwierig dieser Begriff und seine

Auslegung einzuordnen sind und auch, welche Umstände und Motive unter Umständen hinter der unterschiedlichen Ausübung von Macht in der Praxis stecken können.

Macht als Ersatz für Führungsarbeit – wir haben verlernt, Entscheidungen zu treffen

Bei einem Seminar unterhielten sich in der Pause zwei Teilnehmer miteinander, die im gleichen Unternehmen arbeiteten. „Wer trifft eigentlich bei euch die Entscheidungen?", fragte der eine. Der andere dachte kurz nach: „Eigentlich der Johannes, der ist ja Abteilungsleiter. Aber de facto entscheidet der Christopher. Den Johannes fragt auch kaum noch wer, weil das dauert immer ewig, bis der zu einer Entscheidung gelangt..." Eine Studentin erzählte vom Unternehmen ihres Vaters, in dem der Eigentümer Aufgaben grundsätzlich an mehrere Mitarbeiter gleichzeitig verteilt. Er tut dies in Einzelgesprächen und die Mitarbeiter wissen nie, wer außer ihnen noch mit der gleichen Aufgabe betraut wurde. Der Eigentümer lässt sein Team gegeneinander antreten, um so nach seiner Ansicht zur besten Entscheidung beziehungsweise Lösung zu gelangen. Seine Mitarbeiter verbringen ihre Zeit und Energie natürlich nicht mit der optimalen Lösung der Aufgabe, die ihnen zugeteilt wurde, sondern mit ganz anderen Fragen: Wer arbeitet noch an der Sache? Mit wem kann ich mich abstimmen? Wer macht welchen Vorschlag? Wer von den anderen kann besser sein als ich? Wie sehr muss ich mich anstrengen?

Entscheidungsfähigkeit und Urteilskraft

Noch nie durften oder mussten wir so viel entscheiden wie heute und unzählige Wahlmöglichkeiten machen uns das Leben nicht nur leichter. Die Kunst und die Fähigkeit, Entscheidungen zu treffen, gehören zum Rüstzeug jedes

Menschen, um ein erfülltes Leben führen zu können, und sie gehören zu den unabdingbaren Fähigkeiten jeder Führungskraft. Nimmt ein Chef seine Rolle als Vorgesetzter nicht wahr, entsteht ein Machtvakuum. Jemand anderer wird diese Macht wahrnehmen, denn Macht findet immer statt. Wenn Mitarbeiter ihren Aufgaben nicht nachkommen, diese unzuverlässig oder nur in Fragmenten erledigen, folgt die Konsequenz in der Regel auf dem Fuße. Sie erhalten von ihren Vorgesetzten entsprechendes Feedback oder sie werden verwarnt und im schlimmsten Fall ereilt sie irgendwann die Kündigung. Bei Vorgesetzten selbst gestaltet sich das nicht mehr ganz so einfach. Ein Vorgesetzter, der seiner Führungsrolle nicht gerecht wird, ist nämlich meistens mit der entsprechenden Macht ausgestattet, die ihn vor Bestrafung schützt. „Huber, Meier, Müller – sofort zu mir!" Die Mitarbeiter im Großraumbüro rollen mit den Augen, denn sie wissen schon, was jetzt kommt. „Eine Runde Niedermachen", so beschrieb es einer unserer Seminarteilnehmer. „Wenn der Chef schlechte Laune hat oder wegen der rückläufigen Verkaufszahlen Druck vom Vorstand bekommt, lässt er es an uns Mitarbeitern aus."

In einem großen deutschsprachigen Verlagshaus fiel im Vorstand die Entscheidung, mit sofortiger Wirkung auf Publikationen über das Flüchtlingsdrama zu verzichten. Das Verlagshaus publizierte neben Büchern und Bildbänden auch Zeitungen und Magazine. Anstatt den Mitarbeitern die Wahrheit zu sagen und sich mit ihren berechtigten Fragen zu Themen wie Meinungs- und Pressefreiheit und der Tatsache, dass den Menschen die Wahrheit durchaus zuzumuten sei und sie sogar ein Recht darauf hätten, auseinanderzusetzen, versammelte der Verleger die Mitarbeiter um sich und tat Folgendes: In einem mehrstündigen Meeting erklärte er der Reihe nach jedem Einzelnen von ihnen, wie sie in der Vergangenheit ihre Arbeit schlecht angelegt hätten, Artikel nicht auf den Punkt gebracht hätten, Themen verfehlt hätten und die Verlagslinie gerade in Sachen Flüchtlingsthema vollkommen falsch verstanden hätten. Und natürlich, dass es aufgrund dieses Versagens fortan keine Beiträge mehr zur Flüchtlingsthematik geben würde – was ihm persönlich sehr leid tue. Verbockt hätten es die Mitarbeiter mit ihrer Inkompetenz und nun müssen alle damit leben. Was wäre die Alternative gewesen? Den Mitarbeitern die Wahrheit zu sagen, nämlich dass er selbst vom Vorstand überstimmt worden war, ihm längst das Vertrauen entzogen worden und seine Macht im Haus enden wollend war. Da war es ihm lieber, die Mitarbeiter mit Willkür und Demütigung zu verunsichern und so von seinen eigenen Fehlern abzulenken.

Wer so etwas tut? Jemand mit einem sehr geringen oder jemand mit einem völlig überzogenen Selbstbewusstsein. Auf jeden Fall jemand, der den eigenen (Macht-)Status unterstreichen will und deshalb seine Mitmenschen abwertet. Hier gibt es wiederum Vorgesetzte, denen es Freude bereitet zu verletzen und zu demütigen. Es gibt aber auch jene, denen es nur darum geht, sich selbst aufzuwerten und die gar nicht darüber nachdenken, was sie bei ihren Mitarbeitern anrichten. Eine häufige Ursache für eine schlechte Entscheidungskultur in Unternehmen ist der machtorientierte Narzissmus. Begünstigt durch Demütigung in der Kindheit und Jugend, wie zum Beispiel bei Stalin oder durch übertriebene Verherrlichung des Kindes – in jedem Fall kann das ein hochgiftiger Cocktail sein. Es gibt ihn auch in beiden Varianten – vom Vater beschämt, von der Mutter vergöttert, ist Adolf Hitler das wohl berühmteste Beispiel. Reinhard Haller hat mit „Die Narzissmusfalle" das wohl wichtigste und größte Buch über den Narzissmus geschrieben und weiter darauf einzugehen, überschreitet nicht nur unsere fachliche Kompetenz, sondern würde auch den Rahmen des Buches sprengen. Für jene, die es interessiert, ist es ein lohnenswerter Blick auf dieses facettenreiche Thema, der nicht nur dem Studium seines Umfeldes dienen kann, sondern auch der Selbstreflexion.

Der blinde Fleck

„Meine Mitarbeiter sagen, ich sei ein Meister der Verdrängung", erzählte uns der Eigentümer eines Beratungsunternehmens mit Stolz in der Stimme.

Er sehe nur das Positive und könne Rückschläge rasch wegstecken. Seine Mitarbeiter bestätigen das, auch wenn sie es anders meinen. Er sieht bei sich und seinen Entscheidungen nur das, was er richtig gemacht hat. Hat er etwas falsch gemacht, schiebt er es auf seine Mitarbeiter oder blendet seine Fehler aus, so, als gäbe es sie nicht. Er hört nur „Meister", ein positives Wort, das er auf sich bezieht – für „Verdrängung" ist in seiner narzisstischen Welt kein Platz. Der Narzissmus ist nach wie vor eine unterschätzte Bedrohung. Größenfantasien bei einem gesunden Geist in einem gesunden Umfeld können Antrieb für wirklich außergewöhnliche Leistungen sein, aber bei entsprechenden Bedingungen ist es von der Größenfantasie zum Größenwahn nicht weit. Rufen wir uns jüngste größenwahnsinnige Konzepte in Erinnerung. Jene zum Beispiel, die die Finanz- und Wirtschaftskrise erst möglich gemacht haben. Wozu all das führt, können wir jährlich an der Gallup-Studie am erschreckend hohen Prozentsatz der inneren Kündigungen in Unternehmen ablesen. Noch nicht bei allen Vorgesetzten hat sich herumgesprochen, dass nicht nur die Gesellschaft und unser Zusammenleben, sondern auch Unternehmen und in weiterer Folge die Wirtschaft davon profitieren, wenn ihre Mitwirkenden auf gleicher Augenhöhe und wertschätzend miteinander umgehen. Der große Einfluss guter oder schlechter Führung wird in der Gallup-Studie beim Thema Innovationskultur besonders deutlich: So stimmen nur 9 Prozent der emotional nicht an das Unternehmen gebundenen Mitarbeiter der Aussage uneingeschränkt zu, dass ihr Vorgesetzter für neue Ideen und Vorschläge offen ist – in der Gruppe der emotional hoch Gebundenen sind es 85 Prozent. Wer mit seinen Ideen regelmäßig auf taube Ohren beim Vorgesetzten stößt, resigniert irgendwann, zieht sich zurück und bringt sich nicht mehr ein. Im schlimmsten Fall lässt er sogar davon ab, das Unternehmen vor negativen Folgen zu schützen.

Führung mit Augenmaß

Solidarität und Achtsamkeit sind für das Funktionieren von Teams unverzichtbar. Über Führungsarbeit ist so vieles geschrieben worden, dass es vor perfekten Führungskräften nur so wimmeln könnte, wenn sich nur jeder Dritte daran hielte und sich zwei bis drei der unfehlbaren Tools aneignen würde. Das tut es aber nicht und da fragt man sich doch, weshalb. Eine Umfrage von „Die Presse" aus dem Jahr 2013 ergab, dass 63 Prozent der befragten Leader meinen, der Rhythmus von Besprechungen, Themen und Aufgaben ist bedrohlich schnell geworden. Über die Hälfte fühlt sich am Ende des Tages leer und kaputt, weil kaum etwas vom vorgenommenen Tagespensum geschafft wurde. Von den Mitarbeitern werden Chefs häufig als getriebene und gehetzte Troubleshooter erlebt. 62 Prozent der österreichischen Angestellten meinen, dass dabei Orientierung und Sinnvermittlung für das Team auf der Strecke bleiben. Prekär: 45 Prozent aller Führungskräfte realisieren, dass ihre Mitarbeiter über zu viel Arbeit und fehlende Orientierung klagen und es ihnen genau so geht, sie sich aber nichts anmerken lassen dürfen. Unternehmen müssen sich dringend um mehr Mitarbeiterbindung kümmern, und zwar bei allen Beschäftigtengruppen, sonst droht auf breiter Linie ein Verlust der Wettbewerbsfähigkeit. Laut Gallup-Studie hat sich bei den inneren Kündigungen der Anteil der abhängig Beschäftigten im Alter von 50 plus zwischen dem Jahr 2001 und dem Jahr 2011 von 21 Prozent auf fast 29 Prozent erhöht. Gerade diese Generation ist es jedoch, die mit 29 Prozent von allen Altersgruppen den höchsten Anteil an inneren Kündigern aufweist, während es bei der Generation X 23 Prozent und bei der Generation Y 18 Prozent sind. Bei zentralen Faktoren, die über die emotionale Mitarbeiterbindung entscheiden (unter anderem Feedback vom Vorgesetzten, das Gefühl, unterstützt und gefördert zu werden, als Mensch gesehen zu werden und so weiter), weist die Generation 50 plus wesentlich schlechtere Werte auf als die Generation Y, was daran liegt, dass sich die ältere Generation der Arbeitnehmer vernachlässigt und nicht mehr wertgeschätzt fühlt. Man könnte sie fast als die vergessene Generation am Arbeitsplatz-Radar bezeichnen. Unternehmen dürfen ihr Humankapital nicht vernachlässigen und müssen dem Führungsverhalten wesentlich größere Bedeutung beimessen. Der Erfolg eines Unternehmens hängt von verschiedenen Faktoren ab und dabei wird aus der Position der Macht heraus einer häufig übersehen: der Faktor Mitarbeiter.

In einem mittelständischen Unternehmen in Österreich entschied der Eigentümer, sich aus dem Tagesgeschäft zurückzuziehen und einen Geschäftsführer zu installieren. Nachdem der einen guten Überblick über die Vorgänge im Unternehmen gewonnen und alle Mitarbeiter mit ihren Stärken und Schwächen kennengelernt hatte, entschloss er sich zur Kündigung eines leitenden Angestellten. Die Kündigungsgründe waren triftig: fachliche Mängel, fehlende Motivation und Unterminierung seiner Entscheidungen. Da sich die Lage selbst nach mehreren offenen Gesprächen zwischen dem Mitarbeiter und der Geschäftsleitung nicht besserte, sondern sich im Gegenteil die kleinen Schikanen des Angestellten mehrten, informierte der Geschäftsführer den Eigentümer über seine Entscheidung, sich von diesem Mitarbeiter zu trennen. Der Eigentümer überging seinen Geschäftsführer und stimmte gegen die Kündigung dieses Mitarbeiters. Ein katastrophales Signal in beide Richtungen: Der Mitarbeiter fühlte sich bestätigt und arbeitete noch offensiver gegen den Geschäftsführer. Der Eigentümer sandte ein klares Signal an den Geschäftsführer zur Machtfrage im Unternehmen und schwächte seinen Geschäftsführer im Ansehen der Mitarbeiter. Um den Ausgang der Geschichte nicht schuldig zu bleiben: Der Geschäftsführer hat sich sehr bald darauf entschieden, das Unternehmen zu verlassen.

Geschlossene Systeme

Unternehmen sind geschlossene Systeme. Wie Familien oder etwa die katholische Kirche. Man hat die Wahl: Ist man drinnen oder ist man draußen. Die meisten entscheiden sich für drinnen und beugen sich damit den Regeln des Systems. Das ist nämlich Voraussetzung dafür, dabei sein zu dürfen. Durch falsch verstandene Machtausübung auf die Mitarbeiter herrschen in Unternehmen oft atmosphärische Zustände, die kaum erträglich sind und Mitarbeiter resignieren lassen. In so einem Unternehmensmilieu passiert dann Folgendes: Die Mitarbeiter wie auch die Vorgesetzten verlernen, Entscheidungen zu treffen. Der Vorgesetzte verlernt es dadurch, dass er seinen Willen einfach über die Köpfe der Mitarbeiter hinweg durchsetzt und von seinem Durchgriffsrecht aufgrund seiner Machtposition Gebrauch macht. Er verlernt, Entscheidungen abzuwägen, über sie nachzudenken, in einem erweiterten Kreis darüber zu befinden und so die Mitarbeiter im Boot zu halten. Meist verlässt er sich gleichzeitig auf einen ganzen Pool von Kontrollinstrumenten. Die Mitarbeiter verlernen indes, selbstbewusst ihre Meinung zu vertreten, ihre fachlichen Bedenken zu einer Entscheidung anzumelden und gemeinsam mit dem Vorgesetzten zu einer guten Lösung im Sinne des Unternehmens zu gelangen. Stattdessen wird das Umsetzen einer Entscheidung – im Wissen, dass sie dem Unternehmen abträglich ist und sich vielleicht sogar schädlich auswirkt – zu einer sehr gefährlichen Form des stillen Widerstands der Mitarbeiter.

Entscheidungsschwäche birgt hohes manipulatives Potenzial. Seminarteilnehmer erzählen von Vorgesetzten, denen es schwerfällt, sich Ideen und Vorschläge ihrer Mitarbeiter vorzustellen. Sie lehnen diese deshalb vorsichtshalber ab. Wieder andere berichten von Vorgesetzten, die sehr schnell Entscheidungen treffen, vermutlich, um nach außen hin stark und konsequent zu erscheinen. Danach sind sie aber von ihren Entscheidungen nicht mehr abzubringen. Selbst dann nicht, wenn sie sich als bedenkenswert oder einfach verkehrt herausstellen. Mitarbeiter könnten dann ja denken, der Chef sei schwach. Hier gibt es unzählige Varianten und kennt man erst einmal die gegenseitigen Muster, birgt dieses Wissen natürlich hohes manipulatives Potenzial. Das gilt für beide Seiten, Mitarbeiter wie Vorgesetzte. Ein Mitarbeiter, der weiß, dass sein Vorgesetzter von einer einmal getroffenen Entscheidung nicht mehr abzubringen sein wird, überlegt lange, welche Vorschläge oder Alternativen er ihm überhaupt präsentiert. Ein Vorgesetzter, der weiß, dass ein bestimmter Mitarbeiter gegen eine bestimmte Entscheidung Widerstand leisten wird, bindet eben jenen Mitarbeiter nicht in die Entscheidung mit ein, sondern stellt ihn vor vollendete Tatsachen. Ein Mitarbeiter, der weiß, dass sein Vorgesetzter aus Prinzip und nicht aus einer fachlichen Komponente heraus Korrekturen bei den Entwürfen der Kampagne anbringt, wird die Kampagne erst im letzten Moment vorlegen, wenn keine Zeit mehr für großartige Änderungen ist. Man könnte es so sehen: Zivilisation beruht auf sanftem gegenseitigen Druck und Kontrolle. So hat sich in den vergangenen Jahrzehnten ganz still und leise eine Verschiebung der Machtverhältnisse in Unternehmen ergeben. Offen oder gar öffentlich ausgetragene Machtspiele sind eher selten geworden. Beinharte Machtkämpfe sind sanfteren Methoden gewichen: Resignation, Manipulation, Unterminierung. Sie scheinen aufs Erste nicht ganz so brutal, aber der Eindruck täuscht.

Controlling killt

„Das wäre aber auch billiger möglich gewesen!" Die Controller-Killerphrase schlechthin. Oder: „Das wäre doch bestimmt auch besser gegangen um den Preis!" Alles geht besser: Der FC Bayern hätte auch 10:0 statt nur 8:0 gegen den HSV gewinnen können. Billiger geht es auch immer wieder, aber eben nicht endlos.

Man muss auch Führungskraft sein

Die Welt der Arbeit verändert sich und damit auch Macht und Machtgrundlagen – Bestrafung und Belohnung verlieren mehr und mehr an Bedeutung. In vielen Unternehmen sind wir ohnehin längst an dem Punkt angelangt, dass es vermehrt die Superspezialisten und die Systeme sind, die wirklich mächtig sind, und denen alle dienen. Der Feind hat viele Namen: Compliance, Risk Management, ERP, SAP, Performance Evaluation Tools …

„Für das jährliche Ergebnisbewertungsgespräch mit meiner Vorgesetzten benötige ich rund 30 Arbeitsstunden, also fast eine ganze Arbeitswoche, um für die Argumentation für meine Jahresprämie die entsprechenden Zahlen und Informationen bereit zu haben …", erzählt eine leitende Angestellte.

Das kommt Ihnen bekannt vor? Das überrascht nicht, denn der Vermessungs- und Kontrollwahn des vergangenen Jahrzehnts versetzt uns längst an die Grenze des Machbaren. Erdrückende Bürokratie, überforderte Manager und Mitarbeiter sind die Folge. Unternehmen und Vorgesetzte haben so viele Kontrollinstrumente an der Hand, über die sie Macht und Kontrolle ausüben und die ihnen vermeintlich als Hilfestellung für die Führungsarbeit und zur Zielerreichung dienen. Das Ergebnis ist eine Infantilisierung aller Protagonisten in Unternehmen, weil es nicht mehr darum geht, das zu tun, was für die Zielerreichung Sinn macht, sondern weil die Kontrollinstrumente und die Kennzahlen-Systeme zum eigentlichen Ziel werden. „Ich war mit den Kunden nicht mehr beim Mittagessen sondern habe sie direkt zum Bahnhof gebracht. Das war etwas unhöflich, aber ab zehn Personen hätte ich eine Genehmigung für die Einladung einholen müssen, und das war mir ehrlich gesagt zu mühsam ..." Den Auftrag hat in diesem Fall der Mitbewerber bekommen, denn Kunden erwarten zu Recht und in gleichem Maße Wertschätzung wie wir alle. Es ist nicht immer auf den ersten Blick erkennbar, dass es ein System war, das der Höflichkeit im Weg stand, und nicht ein Mitarbeiter, der nicht weiß, was sich gehört.

Unsere Bankensysteme liefern ein ebenso gutes Beispiel. Wir haben gesehen, welch gewaltiger Drall ins Negative herrscht, wenn Ziele verfolgt werden, die kontraproduktiv sind, die aber stur weiter verfolgt werden, weil sie Einkommen und Prämien beeinflussen. Je mehr Freiraum wir Menschen haben, desto kreativer sind wir. Das ist natürlich keine allgemein gültige Regel. Es gibt Mitarbeiter, die arbeiten am besten in starren Strukturen. Sie sind in solchen Unternehmen und an solchen Arbeitsplätzen auch bestens aufgehoben. Aber sie repräsentieren keine Mehrheit. Verschiedene Studien zeigen, dass beim Großteil aller Mitarbeiter ausreichend Freiraum zur Verwirklichung von Ideen am Arbeitsplatz und flexible Strukturen erhöhte Kreativität zutage fördern. Ohne Kontrolle geht es nicht und ein gesundes Maß an Kontrolle ist hilfreich – das ist unbestritten. Durch das amtierende Übermaß an Kontrolle und die steigende Komplexität im Bedienen dieser Kontrollsysteme berauben wir uns jedoch enormen Potenzials.

Führung heißt: bewusst Einfluss nehmen!

Wolf Lotter stellte das Prinzip und die Geschichte der Arbeitsteilung in einem Artikel für das Magazin brand eins dar. In dem Artikel geht es um den Schwerpunkt Fortschritt. Der Zusammenhang war also ein ganz anderer und dennoch beschreibt Wolf Lotter beinahe nebenher jene Qualitäten von Führungskräften, an denen diese seit über hundert Jahren mehr oder weniger scheitern und wie Ameisen und Königinnen kontinuierlich vom Denken befreit werden: Die Arbeitsteilung hat nämlich ein hohes Maß an Effizienz geschaffen, indem sie den Unterschied damals neu interpretierte. Die Theoretiker des Kapitalismus, Adam Smith und David Ricardo, haben dieses Modell der Steigerung der Effizienz durch Spezialisierung von Fähigkeiten einzelner Arbeiter zum ersten Mal beschrieben. Smiths Beobachtungen in einer englischen Stecknadelfabrik sind bis heute eines der eindringlichsten Beispiele dafür, was man damals, zu Beginn der neuen industriellen Ära, am Unterschied so großartig fand. Um eine Stecknadel herzustellen, sind etwa 18 Arbeitsschritte nötig. Es muss Draht gezogen, zugespitzt und poliert werden; der Kopf der Stecknadel muss hergestellt und schließlich auf die Nadel gebracht werden. Um eine einzige Nadel herzustellen – so hatte Smith beobachtet –, wäre ein guter Arbeiter einen Arbeitstag lang beschäftigt. Aber eine Manufaktur mit nur zehn Arbeitern kann den Prozess der Stecknadelfertigung so spezialisieren, dass jeder der Arbeiter – ganz nach persönlicher Geschicklichkeit – die für ihn ideale Aufgabe übernimmt. Am Ende des Tages hatten so zehn Arbeiter nicht zehn Nadeln hergestellt, sondern 48.000.

Wenn Sie Lust auf ein Leben vor dieser industriellen Arbeitsteilung haben, schlägt Lotter vor, könnten Sie ja einmal versuchen, sich ein Smartphone zu schnitzen. Oder ein Auto. Oder Sie lassen sich auf Smiths Beobachtung der Stecknadelproduktion ein, die bereits die Absage an das Entweder-

oder enthält und jenes Prinzip des Sowohl-als-auch in den Vordergrund stellt, um das sich alles dreht. Einerseits die unübersehbare Überlegenheit der Arbeitsteilung, die sich in enormer Produktivitätssteigerung ausdrückt. Andererseits das, was Karl Marx als das wichtigste Problem des Systems erkannt hat: die Entfremdung des Menschen von seiner Tätigkeit, von dem, was sein Leben ausmacht und seine Persönlichkeit. Man nannte das lange den Preis des Fortschritts – resignierend, als ob man dies hinnehmen müsste. Der Stecknadelspezialist ist, wie alle, die ihm in Zehntausenden neuen Berufen folgen werden, dazu verdammt, Teil der Maschinerie zu sein und alles, was ihn persönlich ausmacht, hintanstellen zu müssen. Es ist nicht so, dass Smith das nicht auch schon gewusst hätte: Immer wieder wird er über seine Entdeckung schreiben, dass sie die Menschen dumm und abgestumpft mache.

Die Arbeitsteilung hat eine weitere zwingende Konsequenz: Die wichtigste Tätigkeit ist nicht mehr die an der Werkbank und später am Schreibtisch, sondern die der Organisation dieser Arbeit. Es ist die Geburtsstunde der neuen Führung, der Arbeitsorganisatoren oder, wie wir es heute nennen, der Manager. Sie koordinieren die Rädchen des Systems. Sie sorgen für einen mechanischen Unterschied, indem sie die Handgriffe und Fertigkeiten der Menschen in ihren Fabriken und Arbeitsprozessen atomisieren. Das hat im Übrigen den Vorteil, dass jeder Teil dieser Maschinerie leicht ersetzbar ist. Daraus ergibt sich folgende einfache Formel: Die Effizienz ist umso höher, je unterschiedlicher die Handgriffe der Produktionskräfte sind, bei gleichzeitiger Ausschaltung persönlicher Unterschiede. Nur wenige haben, als dieses System sich etablierte und zur Normalität wurde, über die Folgen nachgedacht und sich andere Fragen gestellt: Kann es nicht auch sein, dass das Regime der Arbeitsteilung, der Spezialisierung, die für die Produktivität und Effizienz so enorme Vorteile bringt, sich irgendwann ins Gegenteil verkehrt? Schon im 19. Jahrhundert konnte man sich vorstellen, dass die einfachen Arbeitsschritte, die ein Arbeiter in der Stecknadelfabrik ausführte, letztlich von Maschinen noch schneller und billiger durchgeführt werden könnten. Die einfache Arbeit, die auf Details konzentriert ist, wird durch Maschinen ersetzt. Aber um diese Automation zu bewältigen, zu organisieren, zu verwalten, braucht man wiederum Spezialisten, „Superspezialisten" sogar. Die Hausaufgaben des Normierungssystems der Arbeitsteilung wurden so bravourös gelöst, dass eine völlig neue Klasse entstanden ist: die Spezialisten der Fachnischen. Das Problem dabei ist, dass das, was sie tun, nur noch von ihresgleichen verstanden wird. Das Wissen wird zum Spezialwissen, über das sich nur wenige Experten untereinander austauschen können. Diese Situation ist längst eingetreten. Vielleicht fordern auch deshalb so viele die Gleichheit, weil sie das, was andere tun, nicht mehr verstehen können. Überforderung schreit immer nach Synchronisierung. Viele Manager mögen es gar nicht, dass sie blindes Vertrauen in die Superspezialisten haben müssen, und Spezialisten werden immer mehr, während die Zahl der Generalisten ständig abnimmt. Dieses Spezialistentum führt dazu, dass der Blick für das große Ganze fehlt und – um nur ein Beispiel zu nennen – die Rückholaktionen der Automobilhersteller stetig zunehmen. Dieses Dilemma gibt es schon seit Jahrzehnten. Manager – und auch öffentliche Amtsträger – können längst nicht mehr abschätzen, was in ihren Betrieben wirklich passiert und was gedacht wird. Doch wie soll man die Potenziale des eigenen Unternehmens in neue Produkte und Dienstleistungen umsetzen, wenn man die Sprache seiner eigenen Spezialisten nicht mehr versteht? Kein Zweifel: Das, wozu Management im Grunde da war – „den Laden im Griff zu haben" und gleichzeitig die Fähigkeiten der Mitarbeiter optimal zu nutzen –, wird dort, wo mit dem Kopf gearbeitet wird und nicht mehr mit einfach zerlegbaren Handgriffen, immer schwieriger – bis es gar nicht mehr geht. Was man nicht kennt oder nicht kann, kann man nicht managen. Das hält heute eine große Zahl selbstbewusster Führungskräfte nicht davon ab, dennoch Hand anzulegen – doch die merkwürdigen Resultate sprechen eine deutliche Sprache. So sind die Herren des Systems, die Leader, die Manager, selbst zu Gefangenen dessen geworden, was sie mit so großem Enthusiasmus errichtet haben: Insassen dessen, was Max Weber vor mehr als 100 Jahren das „stahlharte Gehäuse" nannte.

Wir brauchen wieder Generalisten!

Der eigene Effizienzwahn hat dafür gesorgt, dass ohne Spezialisten und ohne lückenlose Kontrolle nichts mehr geht. Sie sind nicht mehr austauschbar, nicht mehr ersetzbar. Der Wert dessen, was wir Humankapital nennen, wächst unaufhörlich an. Dieses Kapital ist sich seiner Fähigkeiten durchaus bewusst. Es ist relativ einfach, Arbeiter in einer Fabrik zu ersetzen, wenn sie streiken. Das ist tausendmal gemacht worden. Aber kann man Spezialisten ersetzen, die etwas beherrschen, das man oben, im Management nur erahnt? Das Können dieser Könner prägt den Erfolg des Unternehmens. Weil das so ist und auch zunehmend so weitergeht, haben wir hier eine schöne Fehlerquelle des Managementprinzips entdeckt. Wer den Job hat, alles im Griff zu behalten, zu organisieren und voranzutreiben, der schafft in Zeiten des wertvollen Mitarbeiters, des hochwertigen Humankapitals, nun das Gegenteil dessen, was das System ursprünglich beabsichtigt hatte: Statt leichter und schneller Ersetzbarkeit, aus der wieder die alltägliche Missachtung des Mitarbeiters resultiert, zählt Wertschätzung. Wertschätzung ist ein betriebswirtschaftlicher Kernbegriff geworden.

Führung heißt heute, offene Systeme zu managen und nicht mehr wegzuhobeln, was vermeintlich einer glatten Lösung im Weg steht. Arbeit ist gefragt, Umbauarbeit, Veränderungsarbeit. Wie einfach war das früher! Man stellte Menschen in seinen Dienst und schwor sie auf ein Ziel ein. Je arbeitsteiliger die Produktion wurde, desto wichtiger wurde es, so etwas wie eine Corporate Identity, eine Unternehmensidentität, aufzubauen. Mischkonzerne und Gruppen, in denen es zuweilen Hunderte, wenn nicht Tausende verschiedener Berufsbilder gibt, die jeweils von Fachleuten ausgefüllt werden. Was musste Führung in diesen Zeiten können? Nicht nur die richtigen Fachleute aussuchen, das war noch relativ einfach. Das Management musste vor allen Dingen auch dafür sorgen, dass zwischen Dienst und Schnaps klar getrennt wurde – zwischen dem, das man Arbeitswelt und die dazugehörigen Pflichten nennt, und dem, das die einzelnen Mitarbeiter wollen und wünschen. Das war nur unter der frustrierenden Erkenntnis zu erreichen, dass Arbeit eben Arbeit ist – und schon deshalb nicht lustig. Selbstverwirklichung? Nur nach Dienstschluss. Auch davon, dass spezifische Eigenheiten, biologische, kulturelle, persönliche Unterschiede genutzt werden könnten, war nur die Rede, wenn es um die ganz „Wichtigen" ging in dieser Arbeitswelt. Sie durften so etwas wie „Charakter" haben, so kann man den Unterschied als individuelles Merkmal auch nennen. Die anderen führten ein halbes Leben. Ein guter Mitarbeiter war (und ist vielfach immer noch) der, der sich der Organisation anpasst. Einer, der nicht stört. Dummerweise ist aber das, was wir Persönlichkeit nennen, nichts anderes als die Gesamtheit dessen, was einen Menschen ausmacht. Organisation ist, nach Universität, Lehrbuch und allem, was wir wissen, nur zu einem Zweck gut: der Vereinheitlichung von Interessen. Auf dieser Grundlage funktioniert jede Bande, jeder Bautrupp und jeder Konzern. Der Kontrollwahn, der heute in den Unternehmen wütet, hat also einen großen Bruder: die Arbeitsteilung. Aber welche Unternehmen entstünden, wenn Persönlichkeiten eine Rolle spielten? Jeder redete mit. Die Produkte und Ideen, die ein solches Unternehmen erzeugte, wären so vielfältig, dass man sie kaum noch dem Unternehmen selbst zuordnen könnte. Das Unternehmen würde an Identität verlieren. Und was würde dann aus der Marke? Jenem Supersymbol des auf den Nenner Gebrachten? Im Bruchteil einer Sekunde weiß man bei einer Marke Bescheid.

Arbeiten am und im System

Veränderungen und neue Herausforderungen fordern neue Qualitäten der Führungskräfte. In jedem Unternehmen lassen sich drei Arten von Führungskräften unterscheiden: Verwalter, Veränderer und Führende. Verwaltungsmanager verwalten und passen sich nicht an neue Situationen an, sie fallen in den Pool der dead men working. Veränderungsmanager versuchen, vereinbarte Ziele kreativ und innovativ zu erreichen. Führende haben neue Visionen, erschließen neue Möglichkeiten und erfinden die Zukunft neu. In Zukunft werden auf allen Ebenen des Unternehmens vermehrt Führende benötigt, die neue Möglichkeiten entdecken und die Fähigkeit haben, diese umzusetzen. Sie arbeiten am System, verändern es und sind in der Lage, Mitarbeiter anzuregen und zu Spitzenleistungen zu führen. Sie sind geprägt von Ehrfurcht vor dem Menschen, Vertrauen und haben die Einstellung des Dienens. Manager hingegen arbeiten innerhalb eines Systems und lösen auf kreative Weise Probleme. Unternehmen brauchen beides, Manager und Führende. Je turbulenter und unsicherer aber die Zukunft wird, desto wichtiger wird es, dass Unternehmen von Führenden geleitet werden, welche die natürliche und spontane Fähigkeit haben, Mitarbeiter anzuregen, zu inspirieren und in die Lage zu versetzen, sich begeistert für neue Ziele zu engagieren. Der Leadershipfaktor wird mit zum spielentscheidenden Element, ob Mitarbeiter gerne in einem Unternehmen arbeiten, motiviert jede Woche ihre Tätigkeit ausüben, Sinn in dem sehen, was sie tun, oder ob das eben nicht der Fall ist. Nur: welche Führungskräfte werden tatsächlich nach dem Kriterium ausgesucht, ob sie gut führen, steuern, leiten können? Meistens sind ganz andere Kriterien entscheidend: Der beste Verkäufer wird Verkaufsleiter, der beste Controller Finanzleiter, das gehorsamste Schmidchen wird zum Schmid gemacht. Wie sollen diese Führungskräfte lernen, was tatsächliche erfolgreiche Führung ausmacht, wenn sie dafür kein Potenzial und keine Anlagen haben? Das soll dann in 2-Tages-Seminaren zur Beruhigung des schlechten Gewissens vermittelt werden. Aber: Wir können aus einem Esel kein Rennpferd machen, maximal einen schnellen Esel. Er wird nie ein Rennpferd werden. Und da schlägt dann das Peter-Prinzip voll zu: Man macht im Unternehmen so lange Karriere, bis man eine Position erreicht hat, in der man endgültig überfordert ist. Die Mittelmäßigkeit auf allen Ebenen ist die logische Konsequenz.

In Unternehmen herrschen ganze eigene Mechanismen, die in der Vergangenheit durchaus immer der Garant waren, dass diese erfolgreich bleiben konnten, jedoch heute überholt sind. Wir haben es zusammengebracht, eine Generation von Managern in Entscheidungspositionen zu heben, die völlig unfähig sind, in einer Krise ihren Bereich erfolgreich zu steuern, und denen auch in den meisten Fällen der Mut fehlt, gestalten zu wollen. Man verlässt sich auf das Einführen von noch mehr Kontrollmechanismen und hofft, dadurch die Probleme lösen zu können. Die Zeit der heroischen Alleinentscheider ist aber vorbei, gefragt sind involvierte Teamplayer. Ihnen wird Vertrauen entgegengebracht, sie gelten als Vorbilder. Stichwort Personalarbeit. Die Aufgabe ist klar: Wie wird aus dem Mitarbeiter ein Leistungsträger? Wie wird aus der Führungskraft ein guter Manager? Die Antwort ist auch klar: durch Arbeit. Harte Arbeit. Am Personal. Gute Führungskräfte arbeiten mit Menschen, anstatt sie zu kontrollieren und sie einzuschnüren in ihrem Geist und in ihrer Bewegungsfreiheit. Reinhard K. Sprenger, Autor des Management-Bestsellers „Radikal Führen" schrieb schon vor Jahren jedem Manager ins Stammbuch: „Sie können Ihre Mitarbeiter nicht motivieren. Aber Sie können aufhören, sie zu demotivieren." Leicht gesagt in einer Zeit, in der schon die morgendliche Zeitungslektüre wie ein Depressivum wirkt: Wirtschaftskrise, überall Entlassungen, Manager im Ausnahmezustand und eine Regierung, ganz ohne Plan und Ziel. Doch gerade jetzt ist gute Führung so wichtig wie eine nach vorne gerichtete Strategie. Wer beides hat, muss sich auch in diesen Zeiten nicht im Chefbüro verschanzen. Gute Führende zeigen zum Horizont, erklären das big picture und mobilisieren alle durch eine einfache Bewegung: Sie gehen voran. Das hilft allerdings nicht, wenn die Organisation den Blick verstellt. Wie die Welt in kleinen wie großen Firmen zu organisieren ist – das ist ein Thema, das ganze Bibliotheken füllt, immer neue Theorien auf die Welt bringt und im Unternehmen die Personalabteilung quält. Mit immer neuen Reorganisationen wird von jener Abteilung vor allem erreicht, was auch eine Klimaanlage kann: frischen Wind zu erzeugen, allerdings mit Nebenwirkungen – spätestens nach ein paar Tagen ist jeder verschnupft.

Auf die Führungsqualität kommt es an

Einen Baukasten für gute Führungskräfte und gute Mitarbeiter, wie ihn so viele versprechen, können wir Ihnen nicht anbieten. Jede Lösung setzt eigenes Nachdenken voraus und die Bereitschaft, zwischen den eigenen und den Bedürfnissen der Kollegen Beziehungen zu schaffen. Und keine funktioniert ohne Mut und Persönlichkeit – nicht nur an der Spitze, sondern auf allen Ebenen. Das ist das Gute daran.

Macht Minimalethik

Für die Führungskräfte, die sich beim Thema „Macht" nach der bisherigen Lektüre immer noch heimelig fühlen, haben wir nun eine schlechte Nachricht. Angedeutet haben wir es ja schon. Machtverschiebung klang noch nicht gefährlich, aber Sie müssen jetzt stark sein: Auch Mitarbeiter sind mächtig. Auch sie sind in der Lage Macht auszuüben. Ihre Machtausübung findet über Minimalethik statt.

Ethik ist minimalistisch, insofern sie sich auf ein Prinzip reduzieren ließe: anderen nicht zu schaden. Dieser Grundsatz nimmt in den drei großen moralischen Theorien eine zentrale Rolle ein. Bei Kant, der verlangt, dass wir die Menschheit in uns ebenso achten wie in jedem anderen. Bei den Utilitaristen, die keinen Unterschied machen zwischen dem Leiden, das wir uns selbst zufügen und dem, das wir anderen zufügen. Und zuletzt in der Tugendethik, die auf der Mäßigung der Freuden in der persönlichen Nutzung ebenso wie auf der Gleichheit der Mitglieder einer Gemeinschaft besteht. Wir sprechen von Minimalethik als Form der minimalistischen Arbeitsethik. Die Minimalethik, die minimalistische Arbeitsethik wie auch die innere Kündigung hängen eng zusammen. Alle Minimalethiker haben entweder die innere Kündigung bereits vollzogen oder sind kurz davor.

Als Arbeitsethik wird die Einstellung eines Werktätigen zu seiner Berufstätigkeit bezeichnet. Seit der Neuzeit unterscheidet man verschiedene Formen der Arbeitsethik, die sogenannte protestantische Arbeitsethik (Näheres dazu siehe weiter unten) und die Hackerethik (Näheres dazu siehe weiter unten) sind wohl die bekanntesten. Als Arbeitsethos bezeichnet man die positive Sichtweise auf und sorgfältige Ausübung und Wertschätzung von Arbeit. Im Unterschied hierzu beschäftigt sich die Berufsethik mit konkreten ethischen Normen, Regeln und Kriterien für die angemessene

Ausübung des Berufes (beispielsweise im Bereich der Medizin, im Rettungsdienst und bei der Polizei).

Sowohl die Antike als auch das Mittelalter hatten ein grundlegend anderes Verhältnis zur Arbeit. Bei den alten Griechen war körperliche Arbeit verpönt, denn das hochgeschätzte Philosophieren setzte Zeit und Muße voraus. Die einzige Philosophie der Antike, in der die Arbeit gepriesen wurde, war übrigens der Stoizismus. Im Mittelalter wurde Arbeit bis zur Reformation als Mühsal aufgefasst – als Strafe also. Augustinus betonte beispielsweise, im Paradies sei „lobenswerte Arbeit nicht mühselig" gewesen (Predigten zum Buch Genesis, 2.11), während die Strafe in der Hölle in ewiger Arbeit bestünde.

Die protestantische Arbeitsethik ist gekennzeichnet durch die Vorstellung von Arbeit als Pflicht, die man nicht in Frage stellen darf. Die Arbeit bildet den Mittelpunkt des Lebens, um den herum Freizeit gestaltet wird. Diametral zur vorreformatorischen Auffassung erklärte der reformierte Geistliche Johann Kaspar Lavater im 18. Jahrhundert, „selbst im Himmel können wir ohne eine Beschäftigung nicht gesegnet sein" (Aussichten in die Ewigkeit, 1773). Pekka Himanen fasst die Grundzüge der protestantische Arbeitsethik folgendermaßen zusammen: „Arbeit muss als gottgewollter Lebenszweck betrachtet werden, sie muss so gut wie möglich verrichtet werden und Arbeit muss als Pflicht gelten, die man erledigt, weil sie erledigt werden muss" (Himanen 2001, S. 27).

Pflicht und Verpflichtung

Max Weber führt die Entstehung dieser Auffassung auf den im 16. Jahrhundert emergierenden Kapitalismus zurück: „Jener eigentümliche, uns heute so geläufige und in Wahrheit doch so wenig selbstverständliche Gedanke der Berufspflicht, einer Verpflichtung, die der einzelne empfinden soll und empfindet gegenüber dem Inhalt seiner ‚beruflichen‘ Tätigkeit, gleich viel worin sie besteht, gleich viel, ob sie dem unbefangenen Empfinden als reine Verwertung seiner Arbeitskraft oder gar nur seines Sachgüterbesitzes (als ‚Kapital‘) erscheinen muss. Dieser Gedanke ist es, welcher der ‚Sozialethik‘ der kapitalistischen Kultur charakteristisch ist [...] Die Fähigkeit der Konzentration der Gedanken sowohl als die absolut zentrale Fähigkeit, sich der Arbeit gegenüber verpflichtet zu fühlen, finden sich hier besonders oft vereinigt mit strenger Wirtschaftlichkeit, die mit dem Verdienst und seiner Höhe überhaupt rechnet und mit einer nüchternen Selbstbeherrschung und Mäßigkeit, welche die Leistungsfähigkeit ungemein steigert. Der Boden für jene Auffassung der Arbeit als Selbstzweck, als ‚Beruf‘, wie sie der Kapitalismus fordert, ist hier am günstigsten" (Die protestantische Ethik und der „Geist" des Kapitalismus, 1904/05). Noch präziser charakterisiert der puritanische Moraltheologe Richard Baxter: „Um des Handelns willen erhält uns Gott und unsere Aktivitäten; Arbeit ist sowohl die Moral als auch der natürliche Zwecke der Macht. Zu sagen ‚ich werde beten und meditieren‘ [anstatt zu arbeiten], ist als ob ein Diener die schwerste Arbeit verweigern und sich selbst einer geringeren, leichteren Arbeit widmen würde" (Richard Baxter: A Christian Dictionary).

Vollkommen der protestantischen Arbeitsethik entgegengesetzt ist die Hackerethik. Sie ist gekennzeichnet durch Leidenschaft der Tätigkeit gegenüber, Spaß und Freude am Zweck der selbstgewählten Beschäftigung, weitreichende Freiheit und Freizügigkeit sowie die freie Zeiteinteilung. Steve Wozniak prägte dafür die Formel $H = F^3$: Happiness = Food, Fun and Friends. Wenn Mitarbeiter sich aus unterschiedlichen Gründen in einem Unternehmen nicht wohlfühlen und wenn dieser Zustand über einen längeren Zeitraum hinweg anhält (die „Schmerzgrenzen" sind hier sehr individuell), kommt es zu destruktiver Ethik, zu innerer Kündigung, zu Minimalethik: „Gut ist, was mich meinen Job behalten lässt und die geringste Anstrengung kostet". Die französische Politologin Corinne Maier beschreibt dies in „Die Entdeckung der Faulheit – Von der Kunst, bei der Arbeit möglichst wenig zu tun". Mitarbeiter kündigen also nicht ihren Dienstvertrag, sondern den „psychologischen Vertrag" mit dem Unternehmen. Die schon modern gewordene innere Kündigung, der bekannte Dienst nach Vorschrift – wir fassen sie unter dem Überbegriff der Minimalethik zusammen. Sie alle sind Begriffe der Arbeitswelt, mit der Personalwirtschaftslehre, Betriebssoziologie und Organisationspsychologie die Phänomene mangelnder Arbeitsmotivation und Minimierung des Arbeitseinsatzes bis zu einem gerade noch vertretbaren Ausmaß begrifflich zu fassen versuchen, wobei sich hier die Begriffe stark miteinander vermischen und im Wechsel besetzt werden.

Du kommst wegen des Unternehmens, du gehst wegen deines Chefs

Es wird also nicht der formale Arbeitsvertrag, sondern der psychologische Vertrag gekündigt. Innere Kündigung wird auch als eine Form des verdeckten industriellen Konflikts verstanden, die mit der Protestform „Dienst nach Vorschrift" starke Ähnlichkeiten aufweist. Dienst nach Vorschrift bezeichnet ein Verhalten, bei dem die Beschäftigten zwar ihren Arbeitsplatz nicht verlassen, bei ihrer Tätigkeit aber nur die für sie geltenden Anweisungen umsetzen oder Dienstvorschriften anwenden. Auf Eigeninitiative zur Lösung der Aufgaben – die Beschreitung des „kurzen Dienstwegs" beispielsweise oder telefonische Hinweise an Beteiligte bei Problemen zu geben und so weiter – wird verzichtet. Das Motto lautet: keine Weisung – keine Veranlassung. Gesetze, Vorschriften wie auch Dienstanweisungen lassen so gut wie immer einen gewissen Auslegungs- oder Ermessensspielraum zu. Beschäftigte sind nicht mehr bereit, diesen Spielraum auch in Fällen, in denen dies sinnvoll erscheint, bis an die Grenzen wahrzunehmen, zumal der Entscheidungsträger mit der weitgehenden Ausnutzung seiner Kompetenzen sich und seine Entscheidung tendenziell angreifbar macht. Als Folge verzögern sich Vorgänge in Unternehmen, sind für alle Seiten mit Mehraufwand verbunden und erreichen meist nicht das optimale Ergebnis. Ähnlich wird auch von Bummelstreik gesprochen, wobei hier der Schwerpunkt vor allem auf der Verlangsamung der Durchführung von Aufgaben liegt.

In der Soziologie gilt die Wirksamkeit des Dienstes nach Vorschrift als Mittel im Arbeitskampf als Beispiel dafür, dass informelle Normen und Strukturen neben (oder sogar entgegen) den offiziellen Vorschriften und Zuständigkeiten eine wichtige Funktion erfüllen, ohne die Organisationsziele nicht effektiv erreicht werden können. Im öffentlichen Dienst sind – zum Schutz der Rechtsstaatlichkeit in Form der Bediensteten als unterste Ebene – die jeweilige Organisation und die Rechte und Pflichten der Bediensteten formal geregelt. Diese haben daher willkürliche Benachteiligungen weniger zu befürchten, daher kommt insbesondere dort „Dienst nach Vorschrift" nicht selten vor. Nichts Neues und wahrhaft an der Zeit für Reformen. Richtigen Reformen, die ihren Namen verdienen, denn mittlerweile ist es ja schon so weit gekommen, dass wir Stillstand nicht mehr von Reformen zu unterscheiden wissen, so vorsichtig sind diese anund ausgelegt.

Exekutivbeamte können bei den von ihnen durchsuchten Personen oder Fahrzeugen ihre Erfahrung, ihre Intuition und sogar konkrete Verdachtsanzeichen ignorieren und sich auf sture Kontrollschemata beschränken. Mit der Folge, dass die Fahndung nach Schmuggelware oder nach Schleppern zu weniger Erfolgen führt. Mitarbeiter in Buchhandlungen können darauf verzichten, von ihrem persönlichen Bildungshorizont Gebrauch zu machen und die Kunden nur oberflächlich beraten – mit der Folge, dass die Kunden im Internet oder in einer anderen Buchhandlung nach den gewünschten Informationen suchen und dort kaufen, wo sie diese bekommen.

Ursachen für Minimalethik

Erdrückende Bürokratie: Das Beamtenrecht sieht eine Möglichkeit des legalen Streiks für Beamte nicht vor. Als Ersatz für den Streik können Beamte jedoch den Dienst nach Vorschrift androhen. Da Beamte einer Vielzahl von Vorschriften unterliegen, deren Einhaltung oft den betrieblichen Erfordernissen entgegensteht, kann die Einhaltung aller Vorschriften, mithin der Dienst nach Vorschrift, zu einem streikähnlichen Zustand führen, bis hin zum Erliegen des Apparates. Beispiel: Jedermann, der ein Kraftfahrzeug führt, hat dieses vor jeder Inbetriebnahme auf Verkehrssicherheit zu überprüfen. Obgleich es unpraktisch ist, vor jeder Fahrt eine Inspektion des Fahrzeuges vorzunehmen, kann diese Vorschrift zur Verlangsamung der Tätigkeit des Beamten führen, würde sie tatsächlich umgesetzt. Man könnte fast sagen, Beamte haben es am leichtesten, mit ihrer Minimalethik durchzukommen, sind sie doch aufgrund der vielen Vorschriften am wenigsten angreifbar und können ihren Arbeitgeber sozusagen mit den eigenen Mitteln schlagen. Alle anderen unzufriedenen Mitarbeiter verrichten Dienst nach Vorschrift als bewusstes Nachlassen des beruflichen Engagements. Steigerung ist die „innere Kündigung". Es kommt immer wieder zur bewussten oder unbewussten Vermischung mit dem Burnout-Syndrom, unterscheidet sich aber dadurch, dass bei der inneren Kündigung der Mitarbeiter nicht willens zu stärkerem Einsatz ist, während er hierzu beim Burnout-Syndrom nicht fähig ist. Dienst nach Vorschrift entsteht außerdem in hierarchisch geordneten Systemen durch Überbetonen der Einhaltung von Vorschriften, auch wenn diese unsinnig oder an der entsprechenden Stelle überholt sind. In diesen Fällen sind es entweder Resignation oder Protest gegen die Behinderung des Engagements. Da sich auch in Einrichtungen außerhalb von Bund, Ländern und Gemeinden sowie verstaatlichten Bertrieben die Vorschriften und Kontrollinstrumente angehäuft haben, stehen diese Mitarbeiter den Beamten mittlerweile in nichts nach.

Willkommen in der gelähmten Organisation

Mangelnde Leistungsanreize und zu wenig Wertschätzung: Wenn gesteigerter Arbeitseinsatz unbelohnt bleibt und zudem Kollegen befürchten, ins Hintertreffen zu geraten, wird die verminderte Leistung als „gerecht" empfunden. Angst vor Arbeitsplatzverlust: Gesteigerte Produktivität würde die Tatsache offenkundig machen, dass die gleiche Arbeit in deutlich kürzerer Zeit erbracht werden könnte. Dies lässt in manchen Abteilungen die Sorge vor Ressourcenkürzungen wachsen.

Im Sport: Protest gegen Funktionäre, Reglement, Trainingsbedingungen, Dopingkontrollen sowie bei Qualifikationslimits, wenn die nötigen Punkte schon erreicht sind und jede zusätzliche Aktivität außer Verletzungsrisiko und Entkräftung nichts bringt. Im bereits 1931 erschienenen ersten Band von Robert Musils „Der Mann ohne Eigenschaften" wird für die Zeit vor dem Ersten Weltkrieg von einem – fiktiven – Streik der Telegrafenbeamten in Österreich berichtet, der mit diesem Verfahren arbeitet, dort aber „Passive Resistenz" genannt wird. Während sich Dienst nach Vorschrift in der Distanzierung von beruflicher Pflichterfüllung oder – mit Verweis auf den formalen Arbeitsvertrag – im Verweigern konkreter Arbeitsanweisungen manifestiert, findet die innere Kündigung als „stille, mentale Verweigerung engagierter Leistung" einen weniger offenen und adressierten

Ausdruck. Der Begriff wird im Sinne einer Distanzierung oder gar Verweigerung inzwischen auch auf das Verhalten von Schülern, Lebenspartnern oder Bürgern, die zum Beispiel nicht mehr an Wahlen teilnehmen („Die machen nach der Wahl ohnehin wieder, was sie wollen"), übertragen.

Ursachen der inneren Kündigung

Die Auslöser dieses bewussten wie unbewussten Prozesses sind sehr unterschiedlich.

Es kann ausreichen, dass
- sich berufliche Erwartungen nicht erfüllen.
- Mitarbeiter bei Beförderungen gefühlt oder real übergangen werden.
- es an Anerkennung und Wertschätzung mangelt.
- es an Aufstiegs- und Entwicklungsmöglichkeiten innerhalb der Organisation mangelt oder die Bezahlung gefühlt oder real zu gering ist.
- die Tätigkeit als nicht erfüllend oder gar sinnlos erlebt wird und der Mitarbeiter sich in Routine erstarrt fühlt.
- ein autoritärer Führungsstil herrscht.
- es eine Diskrepanz zwischen den Anforderungen der Führungskraft an die Mitarbeiter und dem Verhalten der Führungskraft in ihrer Vorbildfunktion gibt.
- es zu Auseinandersetzungen mit Vorgesetzten kommt, in denen sich der Betroffene als Verlierer erlebt.
- Mobbing und Auseinandersetzungen mit Kollegen erlebt werden.
- es zu willkürlichen und als unberechtigt empfundenen Eingriffen in Kompetenzbereiche des Mitarbeiters kommt.
- das Modell der inneren Kündigung von anderen Mitarbeitern übernommen wird („Wenn die das nicht machen, mache ich das auch nicht!").

- Wandlungsprozesse in Unternehmen oder im Arbeitsprofil stattfinden, die der Mitarbeiter nicht akzeptiert oder als Gefährdung empfindet.
- übertriebene und sogar willkürliche Kontrollen durchgeführt werden, die der Mitarbeiter als Bespitzelung empfindet.
- Unzufriedenheit des Mitarbeiters auftaucht, die ihre Wurzeln auch in einer Fehleinschätzung der eigenen Person und Leistungsfähigkeit haben kann.
- es zu einer bewussten Distanzierung von der beruflichen Tätigkeit und Schwerpunktsetzung auf das Familien- und Privatleben kommt, Arbeit wird als notwendiges Übel zum Geldverdienen gesehen, falsch verstandene Work-Life-Balance.

Es handelt sich oft auch um ein charakteristisches Verhalten in der Phase des Übergangs in den Ruhestand oder in die Altersteilzeit ("langsames Auslaufenlassen").

All diese Phänomene können als Bruch des psychologischen Vertrages interpretiert werden. Von innerer Kündigung Betroffene können die folgenden Charakteristika aufweisen:
- Häufiges krankheitsbedingtes Fernbleiben, insbesondere aufgrund von Bagatellerkrankungen
- Sarkastische Kommentare, wie z. B. jener von einem Mitarbeiter, der jeden Abend das Büro mit den Worten verließ: "Geben wir dem Leben einen Sinn!"
- mangelnde Initiative, Rückzug, kein Einbringen neuer Ideen
- Zurückfahren des dienstlichen Einsatzes auf ein unabdingbares Mindestmaß (Dienst nach Vorschrift)
- Passivität, Wegträumen, "Absitzen" während des Arbeitstages
- Desinteresse an beruflicher Weiterbildung, kurzfristige Absagen bei Weiterbildungsveranstaltungen

- Durchsetzen des Arbeitsalltages mit privaten Angelegenheiten (soziale Medien über das im Unternehmen akzeptierte Maß hinaus, Telebanking, Internet-Shopping und so weiter)
- Ständiges Jammern und Klagen

Nicht alle diese Merkmale weisen zwangsläufig auf eine innere Kündigung hin; als mögliche ursächliche Hintergründe für die betreffenden Merkmale kommen je nach Fall zum Beispiel auch eine depressive Erkrankung (ein Burnout-Syndrom) oder Verstimmung, persönliche Probleme, Führungsfehler, Unterforderung in Frage.

Wenn nichts mehr geht

Die innere Kündigung von Arbeitnehmern zieht hohe Folgekosten für den betroffenen Betrieb oder die betroffene Organisation nach sich. Letztlich sinkt die Produktivität in einem Maße, dass durch den Mitarbeiter nicht mehr das erwirtschaftet werden kann, was er kostet. Es gibt Eingriffsmöglichkeiten des Vorgesetzten:

- Zahlung eines angemessenen Gehalts
- Häufige informelle Kontakte und Gespräche
- Vermeidung unmenschlicher Kommentare, Ehrlichkeit und Offenheit
- im Umgang, Hinterfragen und gegebenenfalls Korrektur des eigenen Führungsverhaltens
- Bewusste und deutliche Würdigung des Geleisteten, Übertragung neuer, anspruchsvollerer Aufgabenbereiche
- Verbesserung des Arbeitsklimas

Des Kaisers neue Kleider
und andere (wahre) Geschichten

So einfach, wie das klingt, ist es nicht, das ist uns durchaus bewusst. Gerade bei Mitarbeitern, die zur Minimalethik übergegangen sind, ist ja schon vieles passiert. Deshalb sind wir auch so detailliert auf die Gründe und Ursachen eingegangen – die Gründe für innere Kündigung oder Dienst nach Vorschrift können ganz große sein, aber eben auch nur Kleinigkeiten und davon möglicherweise eine ganze Reihe. Es kann etwas sein, das Ihnen als Führungskraft überhaupt nicht aufgefallen ist, oder etwas, das so groß ist, dass es Ihnen ebenfalls nicht auffällt und Sie den Wald vor lauter Bäumen nicht mehr sehen – Veränderungsprozesse etwa innerhalb eines Unternehmens, die über einen langen Zeitraum gehen und sehr komplex sind und Ihnen als Führungskraft das Maximum an Einsatz abverlangen. Die Tatsache, dass manche Mitarbeiter überfordert sind und nicht mehr mit im Boot sitzen, werden Sie nicht am Tag eins bemerken, sondern erst viel später. Die sehr stille und bescheidene Mitarbeiterin, die in einem Teammeeting vom Vorgesetzten aus Versehen mit dem Titel „Anfängerin" versehen wurde und tief verletzt ist, wird in einem Gespräch vielleicht nicht sofort offen sagen, dass zwischen Ihnen beiden eine Kluft entstanden und eine tiefe Kränkung passiert ist. Im Gegenteil, sie wird Ihnen vielleicht sogar versichern, zwischen Ihnen sei nach der Entschuldigung wieder alles in bester Ordnung. Zu den Kollegen wird sie sagen: „Wenn er es selber nicht merkt, dass nicht alles in Ordnung ist, ist er selber schuld, er wird schon sehen, was er davon hat ...".

Es ist nicht leicht und erfordert viel Feingefühl, in einem Gespräch eine Vertrauensbasis herzustellen (wiederherzustellen) und zu wahrer Offenheit und Transparenz zu gelangen. Das Spektrum „bei der Arbeit möglichst wenig zu tun" ist in der Tat ein sehr buntes und nicht immer ist die

Schuldfrage eindeutig zu klären. Es erfordert ein hohes Maß an Fähigkeit zur Selbstreflexion von beiden Seiten. Weder ist es leicht, sich Führungsschwächen einzugestehen, noch ist es einfach festzustellen, dass man sich als Mitarbeiter heillos überschätzt hat.

Der Geschäftsführer eines mittelständischen oberösterreichischen Produktionsbetriebes hat die Riege seiner Mitarbeiter über Monate hinweg mit einem groß angelegten Transformationsprojekt strapaziert: Das Haus voller Berater und Kontrollorgane, doppelte Arbeitsbelastung, doppelte Berichterstattung, wenig bis keine Information zum mittlerweile völlig unüberschaubaren Projekt, Entscheidungen über die Köpfe der Mitarbeiter hinweg, Demütigungen bis hin zu Beleidigungen; wer sich selbst nicht groß genug fühlt, schafft sich das Gefühl der Größe selbst, indem er andere klein macht. Wir haben darüber schon ein paar Sätze verloren. Ein paar Mitarbeiter in Schlüsselpositionen waren mittlerweile dazu übergegangen, Dienst nach Vorschrift zu absolvieren und den Geschäftsführer – dem längst der Überblick über wesentliche Vorgänge im Unternehmen verloren gegangen ist – über folgenreiche Probleme, die aufgrund der Umstellungen in der Produktion zu erwarten sind, im Unklaren zu lassen. „Dann sieht er, wie weit er mit seiner Arroganz kommt" und „Mit Argumenten ist ihm ja nicht beizukommen – ich habe keine Lust mehr, mich als Verhinderer beschimpfen zu lassen, nur weil ich Probleme aufzeige", um nur zwei der Argumente anzuführen. Das Unternehmen arbeitete nur mehr mit halber Kraft und das, ohne dass der Geschäftsführer etwas davon bemerkte. Was man nicht kennt oder nicht kann, kann man nicht managen. Es handelt sich um einen Betrieb, der stark saisonabhängig ist. Die schlechten Quartalszahlen schob der Geschäftsführer zuerst auf das Wetter, was natürlich zu kurz griff. Die Banken wurden unruhig, Gerüchte machten die Runde, dass es in Richtung Konkurs gehen könnte.

Der Geschäftsführer spürte in der Zwischenzeit, dass er die Mannschaft nicht mehr auf seiner Seite hatte und sprach das Thema regelmäßig bei Besprechungen an. Jeder schwieg und sagte, es sei alles soweit in Ordnung. Die Doppelbelastung der letzten Monate sei halt viel gewesen … Die Mitarbeiter belogen ihn, ließen ihn im Ungewissen und arbeiteten weiter – mit halber Kraft. Der Geschäftsführer leitete seine Sätze gerne ein mit „Faktum ist …", (er dachte aus unerfindlichen Gründen, das Wort Faktum bestünde aus zwei „U" und sagte daher „Fakt**uu**m ist …), und keiner der Mitarbeiter korrigierte ihn. Auch nicht sein engster Führungskreis, während der Geschäftsführer vor dem Vorstand präsentierte. Was einen bei diesem Beispiel zwischen Mitleid, Unverständnis und Schmunzeln hin- und hertreibt, sind übrigens wie alle anderen Beispiele in diesem Buch eine wahre Begebenheiten. Es ist wie im Märchen „Des Kaisers neue Kleider" von Hans Christian Andersen. Zwei Betrüger behaupten, sie könnten einen Stoff weben, so wundervoll und herrlich, wie es nie zuvor auf der ganzen Welt einen solchen Stoff gegeben hätte. Sehen könnten diesen wunderbaren Stoff aber nur die Klugen. Die Dummen hingegen sähen nichts. Der Kaiser freut sich, denn damit kann er in seinem Staat endlich die Klugen von den Dummen unterscheiden. Doch er selbst sieht den Stoff auch nicht und auch seine Minister, Beamten, der ganze politische Apparat kann nicht sehen, was es nicht gibt. Eingestehen mag das aber keiner. Wer will schon blöd sein? So stolziert der Kaiser nackt durch die Straßen. Bis ein kleiner Junge ruft: „Aber der hat ja gar nichts an!" Bald ruft das ganze Volk: „Er hat ja gar nichts an!" Der Kaiser ahnt, dass das Volk Recht hat. Und trotzdem schafft er es nicht, seinen Fehler zuzugeben und schreitet die gesamte Promenade ab.

Wir wollen Sie nicht im Unklaren lassen, wie die Geschichte mit dem Geschäftsführer ausgegangen ist. Der Vorstand hat sich von ihm getrennt, das Unternehmen hat gerade noch die Kurve bekommen und einen drohenden Konkurs abwenden können. Keine einzige Veränderung des sündhaft teuren Transformationsprojektes wurde beibehalten. Wie um eine böse Erinnerung auszulöschen, wurde alles zurückgenommen und beim Alten belassen. Obwohl es für viele Veränderungen sehr triftige Gründe gegeben hatte, nämlich jene, das Unternehmen auf zukünftige Herausforderungen besser vorzubereiten, veraltete Strukturen abzustreifen. Ein Unternehmen, bei dem man sich die Wahrheit nicht mehr sagen kann, wird unweigerlich in Schwierigkeiten geraten.

Macht und Frauen

Die öffentliche Debatte über die Ressource Frau und die Diskussionen um die Frauenquoten schafften ein Milieu, in dem Frauen beruflich betrachtet nie zuvor so gute Chancen für einen Aufstieg hatten wie heute. Trotzdem schaffen es nur wenige in wirkliche Spitzenpositionen. Sind der Grund dafür wirklich nur die männlichen Verhinderer? Anscheinend nicht, denn neue Studien legen tatsächlich nahe, dass es den Frauen an der nötigen Motivation zur Führung mangelt.

Sheryl Sandberg ist neben Gründer Mark Zuckerberg Geschäftsführerin (COO) von Facebook. Zuvor war sie Vizepräsidentin des globalen Online-Verkaufs bei Google und Stabschefin im U.S. Finanzministerium. Sandberg gehört zu den reichsten Frauen der Welt und positioniert sich als Vertreterin einer neuen amerikanischen Frauenbewegung. Im März 2013 erschien dazu ihr Buch „Lean In: Women, Work, and the Will to Lead". Gleichzeitig startete Sandberg ihre an Frauen gerichtete Ideenplattform „Lean in Circles". In ihrem Buch ermuntert sie Frauen dazu, verstärkt Führungspositionen anzustreben und anstatt vor Macht zurückzuschrecken, sollten sie aktiv Leitungs- und Führungspositionen einfordern. Ist es inzwischen nicht längst zur Selbstverständlichkeit geworden, dass Frauen in Führungspositionen aufsteigen und dort Macht ausüben? Denken Sie an Angela Merkel, Christine Lagarde, Maria Schaumayer und Sheryl Sandberg. Wer fällt Ihnen noch ein? Das ist kein Arbeitsbuch, sondern ein Lesebuch – und das soll es auch bleiben. Wir würden Sie dennoch gerne auffordern, neben diesen drei Namen noch fünf weitere von Frauen in Führungspositionen dieses Niveaus aufzuzählen. Ist es Ihnen gelungen? Wäre die Übung schneller gelungen, hätten Sie neben Steve Jobs und Mark Zuckerberg fünf männliche Vertreter auf deren beruflicher Augenhöhe aufzuzählen gehabt?

Ein Team an Forschern ist dem weiblichen Verhältnis zur Macht nachgegangen und kommt zu einer überraschend kritischen Antwort. „Psychologie heute" veröffentlichte dazu im Jänner 2014 ein ausführliches Dossier. Wissenschaftler der Goethe-Universität in Frankfurt, der Kühne Logistics University aus Hamburg und der Ruhr Universität in Bochum befragten in vier Einzelstudien rund 1.500 Frauen und Männer, überwiegend Arbeitnehmerinnen und Arbeitnehmer unterschiedlicher Branchen, aber auch Studierende, zu ihrer Machtmotivation. Es ging darum zu erfahren, wie gern die Befragten Anweisungen erteilen, Verantwortung tragen oder wie sehr sie nach Einfluss streben.

Das Ergebnis: Frauen blieben in allen diesen Punkten hinter den Männern zurück. Verhaltensweisen, die mit einer Führungsposition verbunden sind – wie Anordnungen erteilen, delegieren und dominieren – lehnen sie eher ab oder finden sie nicht erstrebenswert. Neben den Befragungen gab es auch ein Live-Experiment. Studierende arbeiteten zwölf Wochen lang in Kleingruppen an einem wissenschaftlichen Projekt. Dann sollten sie berichten, welche Art von Führungsverhalten die einzelnen Gruppenmitglieder an den Tag gelegt hatten. Durchgängig zeigte sich auch hier, dass die Frauen weniger machtmotiviert waren und seltener eine Führungsrolle in der Gruppe übernahmen. Sebastian Schuh, der Leiter der Studie, schließt daraus, dass Frauen im

Vergleich zu Männern ein geringeres Streben nach Macht zeigen und aus dieser niedrigeren Motivation resultiere dann auch seltener die Übernahme von Führungspositionen.

Macht richtig nutzen

Gibt es tatsächlich eine spezifisch weibliche Führungsscheu? Fehlt Frauen tatsächlich die nötige Entschlossenheit zur Macht und wenn ja, warum? Dr. Silvia Dirnberger-Puchner ist Psychotherapeutin und Buchautorin. Ihr Bestseller „Werden wir wie unsere Eltern?" erschien 2013. Sie betreut als systemischer Coach auch viele Unternehmen. Vorbehalten gegenüber dem Ausüben von Macht begegnet sie dabei häufig: „Ängstlichkeit gegenüber formaler Führung und der Ausübung von legitimer Macht beobachte ich primär bei jenen, deren Herkunft kein optimales Umfeld für den Aufbau eines gesunden Selbstwertgefühls bot und das lässt sich auch nicht von heute auf morgen nachholen. Frauen, die in reinen Frauenmilieus aufgewachsen sind, übernehmen lieber informelle Machtpositionen, was im Berufsleben oft problematisch ist. Frauen, die Brüder hatten und während ihrer Ausbildung und später im Berufsleben arbeiten mussten und konfrontiert waren, gehen hingegen durchaus selbstverständlich mit Führung und mit Macht um. Eine spezifisch weibliche Führungsscheu ist eine Mähr, aber aufgrund des traditionellen wie auch evolutionären Rollenverständnisses einfach erklärbar."

Die Forschungsliteratur sieht die bei Frauen weit verbreitete Unlust zum Führen auch im Fehlen weiblicher Vorbilder, also der Tatsache, dass Führung nach wie vor nicht zum weiblichen Rollenbild gehört. Führen gilt als Männerdomäne, der Prototyp der Führungskraft ist männlich mit den zentralen Merkmalen: wettbewerbsorientiert, bestimmt und selbstsicher.

Frauen lernen so unbewusst: Das ist nicht dein Terrain.

Nicht nur im Vorhof der Macht, sondern auch wenn sie es bereits ganz nach oben geschafft haben, machen Frauen andere Erfahrungen mit dem Thema Macht als das bei Männern der Fall ist. Erreichen Männer Spitzenpositionen, werden sie anerkannt, bewundert, hofiert. Frauen werden kritisch beäugt – und zwar von Männern wie auch von Frauen. Da hilft auch das Quotenthema nicht, im Gegenteil. Die Mehrheit fragt sich, wie Frau an die Position gekommen ist. Ist Frau durchsetzungsfähig, ist sie „wie ein Mann". Hat sie Kinder, ist sie eine „Rabenmutter". Sagt sie, was sie will, ist sie „bossy". Hat sie keine Kinder, „hat sie ja sonst nichts". Im Grunde bewegen sich führende Frauen auf einem von männlichen Regeln und Ritualen dominierten Feld und können, gemessen an der männlichen Berufsbiografie und traditionellen Rollenbildern, eigentlich alles nur falsch machen.

„Brauchen wir wirklich immer diesen Wettbewerb?", fragte eine Studentin, „immer dieser verdammte Kapitalismus", fügte sie hinzu. Natürlich braucht es den Wettbewerb. Wettbewerb hält einen wach und er stärkt die Muskeln und es braucht auch den Wettbewerb zwischen Frauen und Männern. Welche Frau möchte lieber eine „Quotenfrau" sein als eine, die mit Leistung an die Spitze gekommen ist? In einem Unternehmen, das uns aus unserer beruflichen Tätigkeit gut bekannt ist, gab es eine Praktikantenstelle zu besetzen. Der Abteilungsleiter hatte sich nach zahlreichen weiblichen Praktikantinnen erstmals für einen Mann entschieden. Bei einem Pausengespräch wurde er mit folgendem Thema konfrontiert: Kollegen sprachen ihn direkt an und vermerkten kritisch: „Muss das sein? Wenn wir eine Besprechung haben, muss der (arme) Praktikant den Kaffee servieren ..." Für viele Männer heute noch ein unguter Gedanke, von einem Geschlechtsgenossen Kaffee serviert zu bekommen. Bei den weiblichen Praktikantinnen war diese Dienstleistung selbstverständlich. Im Kopf der meisten Menschen ist das Konzept der weiblichen Führungskraft nur schwach verankert. Organisationsexperten beobachten, dass selbst junge Menschen immer noch das Stereotyp „Manager = Mann" pflegen. Sie nennen es das „think manager, think male"-Phänomen. Das hat Folgen in der Arbeitsrealität, weil es vielen immer noch schwerfällt, mit Frauen als Führungskräften selbstverständlich umzugehen, anstatt sie wie ein ausgefallenes Hobby des Vorstands oder eine Laune der Natur zu betrachten. Vielen fällt es deshalb auch schwer, im Arbeitsalltag angemessen zu reagieren, sobald sie mit einer Chefin konfrontiert sind. Klischees scheinen auch die Personalauswahl zu beeinflussen. Bis in die mittleren Ebenen spielen geprüfte psychologische Personalauswahlverfahren eine große Rolle. Sie reduzieren den Einfluss von Stereotypen auf die Einstellungsentscheidungen. Die Plätze in den obersten Etagen dagegen werden nach anderen Kriterien und Verfahren besetzt, etwa Empfehlungen oder Kontakten – und genau das gibt dem Einfluss von Stereotypen wieder sehr viel Raum.

Was wirkt? Frauen an die Macht?

Konflikte rund um das Thema Macht und Führung sind ein häufiges Thema im Coaching von Frauen. „Frauen erleben die mit einer Machtposition verbundenen Konflikte oft als schwerwiegender als Männer. Sie gestehen sich die Probleme allerdings eher ein als Männer und kommen tendenziell schneller ins Coaching. In den letzten Jahren erlebe ich zunehmend Frauen, die solche Konflikte sehr professionell meistern", erzählt Silvia Dirnberger-Puchner. Training hilft also – bei der Führungsmotivation und dem Selbstvertrauen für die Übernahme von Macht. Auch in Unternehmen gibt es bereits sehr gute Erfahrungen mit Trainings und Mentoring-Programmen für Frauen in anstehenden oder bestehenden Führungspositionen. Auch Sheryl Sandberg erzieht mit ihrem Mann zwei Kinder und sieht den täglichen Spagat zwischen Familie und Karriere als eine der größten Herausforderungen für Frauen in Führungspositionen. Auch geschlechtsspezifische Erwartungen sind selbsterfüllend, sagt sie. Der Glaube, Müttern sei die Familie wichtiger als der Beruf, benachteiligt Frauen. Denn so gehen Arbeitgeber davon aus, dass die Mütter das erwartete berufliche Engagement nicht erfüllen werden. Letztlich könnten auch hier nur veränderte Rollenvorbilder helfen, die Männer und Frauen gleichermaßen bei der Familien- und Hausarbeit in die Pflicht nehmen.

Spannungsfeld Mitarbeiterführung

Sündenböcke

Die Klage über unfähige Manager und deren allgegenwärtigen Machtmissbrauch ist allerorts en vogue. Die Auswürfe dieses Trends finden Sie im Buchfachhandel und der muss nicht einmal gut sortiert sein. „Mein Chef ist ein Arschloch, Ihrer auch?", „Von Machtmenschen, Feiglingen und Wichtigtuern", „Der Feind in meinem Büro", „Der Arschloch-Faktor. Vom geschickten Umgang mit Aufschneidern, Intriganten und Despoten im Unternehmen", „Ich arbeite in einem Irrenhaus. Vom ganz normalen Büroalltag", „Das Chefhasser-Buch. Ein Insider rechnet ab" oder „Miese Chefs. Die Tricks der Tyrannen am Arbeitsplatz" – in den letzten Jahren ist eine neue Gattung von Managementbüchern entstanden. Zentrales Thema ist die Führungskräftebeschimpfung ohne besonderen Zug zum Tor, was Lösungen anbelangt. Frei nach Peter Handkes wohl bekanntestem Werk „Publikumsbeschimpfung" könnte man meinen. Beim Lesen des ungewöhnlichen, aggressiven und zuweilen auch beleidigenden Stückes kann man sich gut vorstellen, wie sich die Besucher der Uraufführung damals fühlten, die auf einen unterhaltsamen Theaterabend gefasst waren und nach dem Öffnen des Vorhangs hemmungslose Beschimpfungen über sich ergehen lassen mussten. Mit Titanengeste möchte Handke das alte Theater zerschmettern und die Bühne in das Hier und Jetzt zurückholen, die Trennung zwischen Bühne und Zuschauern überwinden. Doch zeigte sich bei der Uraufführung das Publikum als fortschrittlicher: Das „Publikum" wurde zu Individuen, die auf die Bühne drängen und mitspielen wollten. Diese wurden vom Intendanten von der Bühne gejagt. Danach hatte das Stück einen schalen Beigeschmack: Die Worte von der Revolution sind nur Pose, die Revolution selber wurde ganz schnell erstickt. Wie im wirklichen Leben.

„Haarsträubende Zustände" herrschten, ob in mittelständischen Unternehmen oder großen Konzernen – Betriebe würden „zunehmend zu geschlossenen Anstalten" mutieren und „Soziopaten" als Vorgesetzte wären praktisch „bestürzende Realität". „Tyrannische Chefs" pflegten „ihre Marotten". „Statt über Sachfragen zu diskutieren", würden in endlosen Meetings „Machtkämpfe" ausgefochten. „Der Albtraum eines Angestellten hat" – so die Botschaft - „vier Buchstaben: CHEF." „Chefs" – so das Urteil - „sind arrogant, sind unfähig, sie lügen und tricksen, sie spionieren und mobben." Autoren dieser Bücher versprechen „schonungslose Berichte aus dem Katastrophengebiet Büro". Es werde – so die Ankündigung – gezeigt, dass „Arschlöcher" nicht nur eine unerträgliche Zumutung für ihre Mitmenschen sind, sondern auch dem Unternehmen „massiv schaden". Geboten werden „große Chef-Einstufungstests" und „einzigartige Leitfäden", mit denen die „Wichtigtuer, Intriganten und Tyrannen" im Berufsleben identifiziert werden können und es werden erfolgserprobte „Überlebensstrategien" dafür geboten, wie man den „Bürowahnsinn überleben und irren Arbeitgebern durch ein Frühwarnsystem aus dem Weg gehen" kann. Die genannten Zitate sind eine Collage aus Verlagsankündigungen zu verschiedenen Büchern unterschiedlicher Autoren. Zeitungen und Zeitschriften greifen diese dramatischen Schilderungen aus den betrieblichen Kampfzonen dankbar auf, müssen sie doch regelmäßig den freien Platz für Reportagen im Stellenanzeigenteil füllen. Was eignet sich dafür besser als Klagen von echten oder erfundenen Lesern über Führungskräfte, die sich als „Hochstapler", „Vitamin-B'-Kandidaten" oder „Chefpapageien" entpuppen. Wenn der Platz ausreicht, können Karriere-Coaches dann „für einen kleinen Druckkostenbeitrag, der ohnehin niemals den gesamten Werbewert repräsentiert" Tipps geben, wie man mit diesen Versagern in den Führungsetagen am besten umgeht.

Versager in den Führungsetagen

Die Botschaft der neuen Managementliteratur ist simpel: Schuld an den Zuständen sind die inkompetenten Egomanen in den Führungsetagen, die ihre Mitarbeiter daran hindern, ihren Job zu machen. In unzähligen Einzelbeispielen wird von Führungskräften berichtet, die Mitarbeiter mit guten Ideen ausbremsen und bei zu viel Engagement „in die Besenkammer" strafversetzen. Es werden Geschichten kolportiert, in denen Führungskräfte neue Stellen lediglich an Verwandte, Bekannte und Freunde vergeben haben, für Fehler in der Abteilung dann jedoch die übrigen Mitarbeiter verantwortlich machen. Je höher Mitarbeiter in der Hierarchie steigen, so die Literatur, desto unfähiger, inkompetenter und korrupter sind sie. Wir fragen uns, wo hier der Bruch passiert ist vom unschuldigen und kompetenten Mitarbeiter zum inkompetenten Manager.

Mit diesen desaströsen Botschaften parasitieren die Bücher an einer Tendenz, die sich in allen Organisationen finden lässt – der Personalisierung von allem, was in einer Organisation stattfindet. Schwierigkeiten, Spannungen, atmosphärische Störungen und Enttäuschungen in Unternehmen werden auf beteiligte Personen zurückgeführt. Nicht die Verhältnisse oder Systeme sind schuld, sondern irgendeine Person, die eitel, selbstsüchtig, egomanisch, überambitioniert, faul oder machtbesessen ist. Dabei lassen sich Gegensätze in Organisationen nicht vermeiden. Aufgrund der Arbeitsteilung in Organisationen bilden sich sowohl zwischen Abteilungen als auch zwischen Hierarchiestufen Konflikte aus. Doch das ist der Grund, warum es überhaupt Führungskräfte und Entscheider gibt: Gäbe es keine Konflikte (Ziele, Aufgaben …) bräuchten wir keine Führungskräfte. Die Aufgaben von Abteilungen wie Einkauf, Vertrieb, Produktion und Qualitätssicherung in einem Unternehmen sind so unterschiedlich, dass sie sich nicht ohne Weiteres zu einem harmonischen

Ganzen zusammenführen lassen. Der Job der Führungsebene einer Controlling-Abteilung ist so derart anders geartet als die Aufgaben der im direkten Kundenkontakt stehenden operativen Ebene, dass sich automatisch Konflikte über eine konkrete Vorgehensweise ergeben. Statt diese Auseinandersetzungen systematisch auf unterschiedliche Positionen und Funktionen in der jeweiligen Organisation zurückzuführen, wird der Konflikt personalisiert. Es sind dann eben die „Blindschleichen in der Führung", die für die komplizierte Umsetzung von Unternehmensvorgaben verantwortlich gemacht werden, oder die „Feinde aus der anderen Abteilung", die sich auf Kosten ihrer Kollegen profilieren. In der Literatur wird eine solche Projektion grundlegender Probleme auf einzelne Personen oder Personengruppen als Sündenbock-Phänomen bezeichnet. Die klassische Studie zur Personalisierung struktureller Probleme stammt von René Girard (1998): Der Sündenbock.

Probleme personalisieren

Der Ursprung des Ausdrucks „Sündenbock" liegt in einem alten hebräischen Ritual. Einmal im Jahr wurde ein Ziegenbock ausgewählt, auf dessen Haupt symbolisch die Sünden und die Sorgen der Menschen abgeladen wurden. Anschließend wurde der Bock in die Wüste gejagt. Dadurch wurden die Menschen, zumindest eine Zeitlang, von ihren aufgestauten Versagens- und Schuldgefühlen erlöst. Ein Mitarbeiter eines österreichischen Unternehmens mit einem hohen Verschleiß an Geschäftsführern und Führungskräften brachte es einmal so auf den Punkt: „Bei uns wird nach jeder Bilanz ein anderer durch das Dorf getrieben ..." Oder in die Wüste gejagt, je nachdem. Im Laufe der Geschichte hat sich die Tendenz herauskristallisiert anderen Personen oder Objekten die Schuld für eigenes Versagen oder eigene Vergehen zu geben. Besonders in ökonomisch angespannten Zeiten werden die Beweggründe verstärkt, einen Sündenbock zu suchen. Die Judenverfolgung, die Hexenjagd im Mittelalter oder die Diskriminierung von Schwarzen sind dabei besonders traurige Beispiele in unserer Geschichte und viel scheinen wir nicht dazugelernt zu haben, wie jüngste Übergriffe auf Obdachlose und Flüchtlinge zeigen.

Die Tendenz in Organisationen zur Personalisierung ist nachvollziehbar. Schließlich vermitteln sich fast alle Ansprüche, die in einer Organisation an uns gestellt werden, über Personen. Die Hierarchien, die sich eine Organisation gibt, werden über die Beziehung zu den Vorgesetzten oder zu den eigenen Mitarbeitern wahrgenommen. Die Zwecke der Organisation werden über Anweisungen wahrgenommen und als unrealistisch eingeschätzte Ziele dann eben nicht auf Ansprüche der Organisation, sondern auf überambitionierte Vorgesetzte zurückgeführt. Aber auch darüber hinaus ist es nicht unerheblich, wer welche Stelle ausfüllt. Neue Chefs werden nicht nur deswegen so aufmerksam beobachtet, weil man sehen möchte, wie man mit ihnen persönlich zurechtkommt, sondern auch, weil man aus der Erfahrung weiß, dass sie in der Regel andere Entscheidungen fällen als ihre Vorgänger. Insofern ist das Personal Teil der Struktur von Organisationen. Aber es gibt keinerlei Gründe, Personal als die einzige oder auch nur als die wichtigste Strukturkomponente in Organisationen zu betrachten. Der Soziologe Niklas Luhmann hat die drei Formen herausgearbeitet, durch die Entscheidungen in Organisationen geprägt werden. Die Struktur einer Organisation besteht – so das hier kurz „3-K-Modell" genannte Konzept - aus den durch Regeln festgelegten Kriterien für richtiges und falsches Verhalten, aus den Kanälen, über die kommuniziert wird, und aus den Köpfen, die aufgrund ihrer Erziehung, Ausbildung und Sozialisation bestimmte Formen von Entscheidungen fällen.

Welche Rolle die Köpfe, Kriterien und Kanäle beim Treffen von Entscheidungen spielen, ist von Situation zu Situation unterschiedlich. Bei Beschäftigten am Fließband kann man davon ausgehen, dass die Vorgaben in der Fließbandproduktion (die Programme) – also die Kriterien für richtiges und falsches Verhalten – so rigide sind, dass es weitgehend unwichtig ist, welche Köpfe diese Tätigkeit verrichten. Bei inhabergeführten mittelständischen Unternehmen sind vermutlich die Köpfe an der Spitze das zentrale Erfolgsmerkmal, weil die Kriterien für richtiges und falsches Handeln und die Kanäle, über die kommuniziert werden soll, beliebig verändert werden können. Bei der Armee sind in Friedenszeiten die Kanäle für Anweisungen so ausgeprägt, dass die einzelnen Köpfe auf der mittleren Führungsebene nur begrenzte Handlungsmöglichkeiten haben. Die Führungskräfte-Beschimpfungsliteratur tut jetzt so, als wenn alles nur von dem einen „K" – den Köpfen – abhängen würde und propagiert damit ein extrem vereinfachtes Bild von Organisationen.

Spannungen in Organisationen

In Organisationen bauen sich aufgrund der Arbeitsteilung automatisch Spannungen auf. Nicht alle diese Spannungen lassen sich durch ein klärendes Gespräch oder einen freundlichen Witz entschärfen. Auch wenn es hier den Anschein macht – um es mit dem Vokabular der Bestsellerautoren zu sagen –, wir würden uns über diese Form der Literatur „auskotzen"; das Gegenteil ist der Fall. Es ist ziemlich sicher so, dass dieses Bild von Vorgesetzten nicht so verkehrt ist. Nur weil bei der Führungskräfte-Beschimpfung ein unvollständiges Bild von Organisationen gemalt wird, muss sie nicht unbedingt nutzlos sein. Sich auskotzen ist eine Form, damit umzugehen. Aber in Alternativen zu denken, erfüllt eine ganz ähnliche Funktion. Noch dazu mit dem Vorteil, dass sich dadurch eine Änderung herbeiführen lässt. Der CEO eines mittelständischen österreichischen Produktionsunternehmens checkt höchstpersönlich Monat für Monat die Telefonaufzeichnungen der Mitarbeiter mit Firmenhandys. Buchhalter Schmid war drei Wochen lang auf Urlaub. „In Griechenland", wie der CEO feststellt, weil „er hat in seinem Urlaub drei Telefonate aus Griechenland geführt ...". Der Betrag für die drei Telefonate wurde ihm beim nächsten Gehalt abgezogen.

„So kurzfristig geht es leider nicht", sagt der Ingenieur zum Kunden. Vor der Auftragsunterzeichnung gebe es noch ein paar Details zu klären, aber der Vorgesetzte ist in Urlaub und ohne genehmigten Dienstreiseantrag kann er nicht nach Frankfurt fliegen und da renne er dann „monatelang den Spesen hinterher, weil die nicht ausbezahlt werden, wenn kein genehmigter Antrag im System aufscheint". Der Auftrag ging an den Mitbewerber.

Traurige Realität, wie von Mitarbeitern regelmäßig geschildert wird, und wirklich ein Grund, aus der Haut zu fahren, wenn man als Mitarbeiter von diesen Auswüchsen betroffen ist. Management- und Controlling-Werkzeuge können ein guter Hobel sein, mit dem man hier und da die Kanten von Prozessen und Strukturen säubert. Ansonsten ist ihre Wirkung aber begrenzt. Sie machen blind an Stellen, an denen nur Urteilskraft und strategisches Denken weiterhelfen. Vielen Managern fehlt die Einsicht, dass es keine Instrumente gibt, welche die Ungewissheit wirtschaftlichen Handelns zur Gänze ausschalten könnten.

Verantwortung aktiv suchen

Wie kann man sich auf Ungewissheit vorbereiten? Das Element selbst, auf das es sich vorzubereiten gilt, gibt die Antwort. Ungewissheit. Wir wissen es nicht und deshalb können wir uns nicht vorbereiten. Es ist wie beim Vorprogrammieren. Programmieren sagt uns schon, worum es geht. Pro- im Vorhinein also. Programmieren reicht also völlig aus und jeder weiß, dass es darum geht, etwas vorwegzunehmen. Und so kommt bei der Ungewissheit der unausweichliche Moment der Wahrheit, wo wir feststellen, dass es nichts vorwegzunehmen gibt und es einfach nur Mut zum Risiko und zur Aktion braucht. Das nennt man dann Verantwortung übernehmen.

Querdenken ist sehr en vogue, aber auch nur, wenn es niemandem wehtut. Die Realität sieht nämlich so aus: Wer Neues denkt, hat selten Freunde. Und wer glaubt, dass das nur vor hundert Jahren galt, der war schon länger nicht mehr vor der Tür. Denken ist, laut Schischkoffs „Philosophischem Wörterbuch", ein Vorgang, bei dem „Vorstellungen, Erinnerungen und Begriffe eine Erkenntnis formen", um daraus „brauchbare Handlungsanweisungen zur Meisterung von Lebenssituationen zu gewinnen". Das klingt praktisch, hat aber seine Tücken. Man muss nämlich Farbe bekennen und zugeben, in der Lage zu sein, dass die eine oder andere Handlungsweise oder dieses oder jenes Vorgehen nicht mehr sinnvoll ist. Wie erklären, weshalb man so lange daran festgehalten hat? Das wäre im schlimmsten Fall sogar Geschäftsschädigung und bedeutet vor allem jede Menge Mehrarbeit. Wer verändern will, stört den Seelenfrieden und die Ruhe anderer. Die Idylle all jener, die nicht wissen, wie es besser geht. Leute, von denen Di Trocchio schreibt: „Sie waren nicht nur nicht in der Lage, anders zu denken, sondern weisen diejenigen, die es versuchen, auch noch zurück und grenzen sie aus." Dieses Klima ist innovationsfeindlich und kein guter Boden für Erneuerung. Natürlich erneuern sich Systeme gelegentlich, sie müssen sich anpassen, tun das aber in unglaublich zähem Tempo. Das nennt man dann Reformen. Die sind auch nicht sehr gewünscht, wie uns die Endlosdebatte um unser Bildungssystem seit Jahrzehnten vor Augen hält. Denn in Wahrheit geht es darum, bestehende Systeme eben nicht durch neue zu ersetzen, sondern die alten mit allen Mitteln am Laufen zu halten. Das erklärt nicht nur die unfassbare Zähigkeit von Reformprozessen in der Politik. Auch in vielen Unternehmen hat der intellektuelle Bürokratismus längst das Sagen – und er verhindert immer erfolgreicher Neues oder auch nur die Debatte darüber. Dieser Prozess hat sich nach dem Zweiten Weltkrieg in der westlichen Welt etabliert. Es ist kein Zufall, dass dabei von den Menschen, die in diesen Systemen arbeiten, immer öfter Begriffe wie „Routine" und „Kreislauf" benutzt werden. Letzteres klingt schick – ist aber ein untrügliches Zeichen für etwas, das sich unaufhörlich im Kreis dreht. Wer etwas ändern will, „schießt übers Ziel hinaus" und dem fehlt „das richtige Augenmaß" oder er hat „die Bodenhaftung verloren" und „die Folgen seines Handelns nicht bedacht".

Es gibt viele Fragen, die wir uns stellen könnten. Die Antwort ist aber bereits vorgegeben. Sie lautete: nein. Nein und nochmals nein. Was ist nur mit unserem Verstand passiert? Wo sind die Leute geblieben, die sich den ganzen Tag über eine Sache den Kopf zerbrechen und miteinander streiten, bis die bestmögliche Lösung für eine Fragestellung gefunden wurde? Es gibt Stimmen, die meinen, der Verstand habe sich in der Nachkriegsgesellschaft sozusagen gleichmäßig im Volk verteilt, was man auch „Demokratisierung des Wissens" nennen kann. Intellektuelle bräuchte man nicht mehr, weil ja alle irgendwie schon intellektuell geworden seien. Studiert ja praktisch schon jeder heutzutage. Wenn alle so gescheit sind, dürfte dieser Stillstand in Organisationen und in Unternehmen überhaupt nicht existieren. Denn längst müssten dort alle gemeinsam an einem Strang ziehen, um durch Nachdenken immer wieder zu Innovationen zu kommen. Das Gegenteil ist der Fall. Die Bürokratisierung nimmt in dem Maße zu, in dem in bunten Konzernbroschüren der gemeinsame Wille zur Innovation beschworen wird. Als Hinweis für diese Entwicklung dient der Begriff des „Querdenkers".

Querdenker

Das sind Leute, die, einfach gesagt, etwas anderes glauben, meinen oder sagen als die im Corporate Design erzogenen Mitarbeiter einer Organisation. Warum eigentlich „quer"? Früher nannte man Leute, die uns durch Nachdenken weiterbrachten, Vordenker. Quer hingegen verwenden wir in der Sprache nur, wenn etwas stört. Das zeigt den ganzen Größenwahn der „effizienten Organisation". Für den Umstand, dass Nachdenken in Organisationen nur der Form halber erwünscht ist, spricht auch das schöne Wort „Thinktank", auf Deutsch ein wenig verräterisch „Denkfabrik" genannt. Diese ausgelagerten Denkeinheiten gibt es seit Jahrzehnten mit der Begründung, dass radikales Nachdenken und Innovationsstreben in der Organisation selbst durch zu viele „Faktoren" beeinflusst werden würde. Was sagt uns das? Dass man Nachdenker, die im Sinne des Unternehmens, der Organisation über Verbesserungen und Innovationen nachdenken, vor der Bürokratie schützen muss? Wo die Auseinandersetzung fehlt, der Diskurs, wie man das in grauer Vorzeit nannte, verlieren die isolierten Ebenen völlig den Bezug zueinander. Das Resultat sind sture Denkbürokraten und Spezialisten auf der einen und frustrierte Nachdenker auf der anderen Seite. Keiner will mehr mit dem anderen reden – bis man es nicht mehr kann. Das gilt in den Organisationen und im Verhältnis nach außen. Ausgerechnet jetzt. Der Philosoph, Sozialwissenschaftler und Berater Bernhard von Mutius hat in seinem Buch „Die andere Intelligenz" den Typus des „konstruktiven Intellektuellen" beschrieben. Er ist weder Außenseiter noch Neinsager. Er kooperiert, er stellt Beziehungen her. Und vor allen Dingen teilt er sein Wissen, weil er weiß, dass es nur so den Mehrwert schafft, den wir alle brauchen. Eine völlig neue Übung für alle, weiß von Mutius: „Wissen durch Teilung zu vermehren – das ist die ebenso neue wie schwierige Aufgabe, vor der heute viele

Wissensarbeiter in ihren Wertschöpfungsketten stehen […]. Es geht um die Entwicklung eines immateriellen Vermögens (im doppelten Wortsinn), das nur in Beziehungen entsteht und nur durch in Beziehungen gelebte Werte gefördert werden kann. Solche Beziehungs-Werte wie beispielsweise Toleranz, Respekt vor dem anderen, Kooperationsfähigkeit, Integrität und Transparenz ermöglichen erst die grenzüberschreitenden Prozesse der Wissensbearbeitung. Sie sind die Voraussetzung für gelingende Innovationsvorhaben." (Wolf Lotter: Schwerpunkt Denken, S. 59f. zum Buch von Bernhard von Mutius: Die andere Intelligenz – Wie wir morgen denken werden; 2008) All das zusammen habe noch einen weiteren, wichtigen Vorteil: Es gebe den „Wissensflüssen Richtung" und „den Wissensproduzenten in ihrer Arbeit Halt und Sinn" (ebd., S. 59). Aus Nachdenken wird Mitdenken. Beziehungen, nicht Trennungen, sind die Zukunft des Denkens und der Innovation, meint von Mutius. Was er beschreibt, ist wie vieles rund um die Wissensgesellschaft theoretisch bestens dokumentiert. Die Praxis aber, weiß er, braucht einfach ehrliches Bemühen und den Willen zum Verstehen. Dialog. Diskurs. Auseinandersetzung. Der Anfang des Verstehens. „Wir reden von der Wissensgesellschaft und der Kreativität – dann wird genickt, aber in der Bedeutung hat das noch kaum jemand wirklich verstanden. Denken ist eine zentrale ökonomische Ressource. Aber man geht mit dieser Ressource so um wie mit industriellen Gütern. Das kann nicht funktionieren" (ebd., S. 59), sagt von Mutius. Der konstruktive Intellektuelle ist eine Lösung für die Trennung, die heute so offensichtlich ist – und die uns scheinbar nur die Wahl lässt zwischen Bürokratismus und Abgehobenheit. „Die Intellektuellen müssen in die Organisationen", fordert von Mutius, „und die in den Organisationen müssen aufhören, Denken für etwas Überflüssiges zu halten – so nach dem Motto: Intellekt ist nicht wirklich wichtig für das tägliche Leben." (ebd., S. 59). Wo Denken aber das „Ferment der Wertschöpfung" wird, so von Mutius, kann man sich derlei Vorurteile einfach nicht mehr leisten – ebenso wenig wie die Haltung des alten Spezialistentums aus der Industriegesellschaft, das sich verschanzt und den Austausch mit anderen Fächern und Disziplinen konsequent verweigert. Ihnen hält von Mutius das Wort des Ökonomen Friedrich August von Hayek entgegen, wonach man, wenn man ein guter Ökonom sein wolle, eben nicht nur Ökonom sein dürfe. Konstruktives Denken braucht breites Interesse und Neugier am anderen – oder es kommt zum „Fachduckmäusertum", wie Bernhard von Mutius die Entwicklung nennt: „Das züchten wir ohnehin bereits, getriebene Leute, die weder Zeit noch Muße haben, nach links oder rechts zu schauen." In Anspielung auf zwei ungeliebte Bildungskürzel ist es für ihn „von Pisa bis Bologna eben nicht weit". Eine Sackgasse. Das Wendemanöver gelingt nur, wenn die „Macher demütiger" und die Nachdenker „selbstbewusster und mutiger werden. Wir brauchen eine zweite Aufklärung, in der die Wende vom Ich zum intelligenten Wir vollzogen wird." (ebd., S. 59). Eine zweite Aufklärung? Hohe Ansprüche hat der Mann – die aber auch daher rühren, dass die erste Aufklärung eigentlich noch nicht wirklich durch ist. Da sind immer noch Hausaufgaben, die nicht gemacht sind, und zwar, wen wundert's, die anspruchsvollsten, die seit mehr als 200 Jahren herumliegen.

Kein Nachdenken ohne Mut

Wer nicht durchsetzen will, was er herausgefunden hat, wer das, was er weiß, nicht wert befindet, dafür – gepflegt – zu streiten, der hat seine Hausaufgaben nicht gemacht. „Sapere aude", sagte Horaz, und Immanuel Kant hat das richtig übersetzt: „Habe den Mut, dich deines eigenen Verstandes zu bedienen." Das genügt fürs Erste völlig. Umdenken – nur mal so zum Test. Wie bringt man Menschen dazu, ihr

Verhalten zu ändern? Man kann ihnen Ratschläge geben, Anweisungen erteilen, ihnen gut zureden oder sie im Zweifelsfall mit allerlei Ungemach bedrohen. Man kann auch versuchen, Motivation und Leidenschaft in ihnen zu wecken und den Antrieb, Sinn zu suchen und zu finden bei dem, was sie tun. Wer mit einem Stock einen Ameisenhaufen angreift, wird feststellen, dass sich viele Dutzende von Bewohnern sofort an die Reparatur- und Angriffsarbeit machen, ohne dass dafür ein Befehl nötig wäre. Offensichtlich sind dem Menschen solche Mechanismen der Selbststeuerung nicht gegeben. Um uns als Gattung zu behaupten, sind wir auf schwache Garantien wie die Vernunft, das Gewissen, die Erziehung angewiesen. Wir benötigen Brauchtümer wie Gesetze, Moralvorstellungen und Religionen, mit einem Wort das, was wir im Singular oder im Plural für Kultur halten. Wir brauchen Organisationen und Strukturen, Kontroll- und Steuerungsinstrumente, bevor wir reagieren, einmal angenommen, jemand hätte mit einem Stock unser Unternehmen attackiert.

Natürlich fallen einem sofort jede Menge Gründe ein, weshalb man Zeit sparen und sich nicht ausgerechnet auf die Arbeitnehmer ohne emotionale Bindung zum Unternehmen konzentrieren sollte, weshalb man nicht unnötiges Geld für erfahrene ältere Arbeitnehmer ausgibt, anstatt auf junge, motivierte und vor allem wesentlich billigere Studienabgänger oder Praktikanten zu setzen, weshalb man nicht auf die Frauenquote setzen sollte, wo die doch so viel positive PR bringt, weshalb man nicht an die Herausforderungen an die Organisation denken sollte, wenn man einen Spezialisten aus Bangladesch einstellt, weshalb man nicht auf die besten Studienabgänger setzen sollte, statt sich auf die risikoreiche Suche nach Alternativen, nach Quereinsteigern zu machen. Wie sagt man Mitarbeitern also, dass der neue Mitarbeiter doppelt so alt ist wie sie selbst und in ähnlicher Potenz bei weniger Führungsverantwortung verdient, oder dass in der

Betriebsküche ab sofort ein attraktives fleischloses Essensangebot für Kollegen, die Vegetarier sind, einzuführen ist?

Wie sagt man ihnen, dass es im Unternehmen keine Frauenquote geben wird, sondern einzig und alleine die Leistung zählt? Wie sagt man es ihnen so, dass sie nicht demotiviert oder beunruhigt zurückbleiben? Nicht sagen. Testen!

Haltung zeigen

Ob jemand etwas bewegen und sich auf Veränderungen einstellen kann, hat nicht nur mit Positionen und Geld zu tun, sondern immer mit Haltung.

Arbeit, Statusangst und innere Kündigung

Erfolg beurteilen wir vorwiegend in seiner Außenwirkung: Aufstieg. Soziale Anerkennung. Einkommen. Mehr von allem. Status also. Die Leiterin der Werbeabteilung bewirbt sich um die Position einer Texterin, weil sie dort ihre sprachlichen Fähigkeiten und ihre Kreativität besser einbringen kann. Die wenigsten würden den Schritt von der Vorgesetzten zum Teammitglied als Karriereschritt bezeichnen. Rasch wird sich jemand für die freigewordene Führungsposition finden und die ehemalige Leiterin der Werbeabteilung wird in den Augen vieler Kollegen, Freunde und Familienmitglieder auf eine Weise „gescheitert" sein, hat sie doch einen beruflichen „Rückschritt" gewählt, freiwillig zwar, aber immerhin.

Der englische Schriftsteller Alain de Botton schreibt in seinem Buch „Statusangst", dass unsere heutige Wirtschaftsordnung auf der Bildung von Differenzen basiere. Damit wachse aber auch der Graben zwischen dem, was wir vermeintlich brauchen, um uns herauszuheben, und dem, was wir uns leisten können. Der Blick, der besorgt registriert, ob wir wirklich das bekommen, was uns zusteht, ist das Zeichen unserer

Zeit: Statusangst steht in unseren Augen, wenn wir auf Statussymbole, Brieftaschen und Ranglisten schielen. Ehrgeiz und Ambition sind gut, wenn sie sich nach selbstgesteckten und vernünftigen Zielen richten, aber sie vergiften, wenn sie uns blind für uns selber machen. Vom vernünftigen Umgang mit allen dreien – Ehrgeiz, Ambition und Statusangst – schreibt Alain de Botton. Wir quälen uns, weil wir den Erwartungen der anderen genügen wollen und das Problem ist wie so oft die Unterscheidung zwischen unserem wahren und dem gesellschaftlichen Ich, das, wie alle anderen, nach Macht und Reichtum und Ansehen strebt. In diesem Streben ist sich unsere Gesellschaft selten einig und es gibt nur wenige Ausnahmen, die sich dem entziehen. Was das beinahe einheitliche Streben nach Status für die verschiedenen Klassen und Gruppen bedeutet, unterscheidet sie stark.

Die Angst davor, in den Augen unserer Mitmenschen als Verlierer dazustehen, ist etwas, das unsere Gesellschaft nahezu geschlossen umtreibt. Irgendwann läuft sich das Spiel aber tot. Nämlich dann, wenn nicht mehr alle mit dieser Dynamik mithalten können und wenn die Diskrepanzen innerhalb einer Gesellschaft zu groß werden – dann geht es ihr nicht gut. Im Grunde geht es hier um die Frage, wie sich diese Dynamik organisieren lässt. Der permanente Kampf um Status ist da eigentlich die falsche Strategie. Wenn Sie sich die Herkunft des Wortes Status ansehen, dann liegt in dem Begriff eben etwas Statisches, das krampfhafte Festhalten an dem, was man gerade schon mal hat. Haben Sie auch gerade an Ihre Firma oder an die eine oder andere längst überfällige Reform in der Politik gedacht? Zu Recht, denn in der Tat ist unsere Gesellschaft von Statusbesessenheit und Statik geprägt, viele sind deshalb erstarrt in Jobs, die nicht ihrem Ausbildungsstand und ihren Fähigkeiten entsprechen.

Statusfalle

Ist man erst einmal in der Statusfalle gefangen, ist es nämlich nicht leicht, wieder herauszukommen. Die Werbeleiterin, die nun wieder „gewöhnliches Teammitglied" ist, wird möglicherweise viel Zeit aufwenden dafür, sich Argumente zurechtzulegen, ihren neuen – niedrigeren – Status und ihre Entscheidung zu rechtfertigen.

Wenn das Beratungsunternehmen Gallup jedes Jahr im März ihre aktuelle Studie präsentiert, dann interessieren sich Unternehmen und deren Personalverantwortliche immer ganz besonders für den sogenannten Engagement Index, der anzeigt, wie viele Prozent der Mitarbeiter wenig, mittel bis gar keine Bindung zu ihrem Unternehmen haben. Die Erschütterung ist jedes Jahr hoch, dass ein so hoher Prozentsatz an Mitarbeitern bereits innerlich gekündigt hat (natürlich sind das nie die Mitarbeiter im eigenen Unternehmen), im Jahr 2012 waren das fast ein Viertel, nämlich 24 Prozent, immerhin 61 Prozent wurden der Mitte zugeordnet und machen Arbeit nach Vorschrift. Lediglich 15 Prozent der Mitarbeiter haben eine hohe emotionale Bindung an ihren Arbeitgeber und sind bereit, sich für dessen Ziele einzusetzen.

Die Folgen mangelnder Mitarbeiterbindung für Unternehmen sind erheblich. Gallup-Hochrechnungen beziffern die jährlichen Kosten durch Produktivitätseinbußen mit 112–138 Milliarden Euro. Der Anteil der inneren Kündigungen ist 2013 im Vergleich zum Vorjahr von 24 auf 17 Prozent geschrumpft. Nach wie vor weist nur ein geringer Teil der Arbeitnehmer eine hohe emotionale Bindung an den Arbeitgeber auf. Lediglich 16 Prozent der Beschäftigten in Deutschland sind bereit, sich freiwillig für die Ziele ihrer Firma einzusetzen. 67 Prozent leisten Dienst nach Vorschrift und 17 Prozent sind emotional ungebunden und haben innerlich bereits gekündigt. Für Unternehmen hat dies weitreichende Folgen. Denn wer nicht emotional an seinen Arbeitgeber gebunden ist, neigt eher zu einem Arbeitgeberwechsel, nimmt Wissen mit, bringt Unternehmen um Potenzial. Immerhin ist der Anteil der inneren Kündigungen im Vergleich zum Vorjahr von 24 auf 17 Prozent geschrumpft. Gallup hat erhoben, dass vor dem Hintergrund des Fachkräftemangels und des demografischen Wandels sich wohl in vielen Unternehmen die Erkenntnis durchgesetzt zu haben scheint, dass die Qualität der Führung und die Unternehmenskultur entscheidend sind, um die Mitarbeiter zu binden.

Gute Führung bedeutet: geringe Fluktuation!

Die Ursachen für geringe emotionale Mitarbeiterbindung lassen sich in der Regel auf Defizite in der Personalführung zurückführen. Viele Arbeitnehmer, vor allem viele junge Arbeitnehmer, steigen hoch motiviert in ein Unternehmen ein, werden dann aber zunehmend desillusioniert, kündigen innerlich und verabschieden sich irgendwann ganz aus dem Unternehmen, weil sie ihr Bedürfnis nach Wertschätzung, Sinn und Freude an der Arbeit nicht befriedigt sehen. Die Hauptrolle in diesem Film spielt fast immer der Vorgesetzte. Die Zahlen weisen darauf hin, dass sich in den Führungsetagen vieles verbessert hat, mehr Verständnis da ist für die Rolle der Personalführung und die direkten Auswirkungen innerer Kündigungen und Unzufriedenheit von Mitarbeitern auf den Shareholder Value eines Unternehmens. Ventile der Mitarbeiter sind da häufig Unzufriedenheit mit Großraumbüros, mangelndes Licht, das Essen im Betriebsrestaurant, die langsame IT usw. Gerade für Unternehmen, deren Geschäft auf Beratung, Service und Dienstleistungen basiert, sind emotional gebundene Mitarbeiter immens wichtig. Denn immerhin 70 Prozent aller Beschäftigten haben laut Gallup einen Arbeitsplatz mit direktem Kundenkontakt, davon 90 Prozent mehrmals pro Woche. Für 72 Prozent dieser Arbeitnehmer mit hoher emotionaler Bindung – aber nur für 37 Prozent der Arbeitnehmer ohne emotionale Bindung – bestimmt die Erfüllung von Kundenwünschen und Kundenbedürfnissen das tägliche Handeln. 51 Prozent der emotional stark gebundenen Mitarbeiter finden ein geeignetes Arbeitsumfeld vor, um gut auf die Kundenwünsche und Kundenbedürfnisse einzugehen. Bei den inneren Kündigungen sind es hingegen nur 12 Prozent.

Höhere Bindung schafft Mehrwert für Unternehmen

Emotionale Mitarbeiterbindung verbessert aber nicht nur die Bindung zu den aktuellen Kunden, sondern hilft auch, neue Kunden zu gewinnen. 86 Prozent der emotional hochgebundenen Arbeitnehmer – aber nur 14 Prozent derjenigen ohne emotionale Bindung – würden die Produkte oder Dienstleistungen ihres Unternehmens Freunden und Familienangehörigen empfehlen. Auch auf das Anheuern neuer Mitarbeiter hat die Mitarbeiterbindung Einfluss. 66 Prozent aller Arbeitnehmer mit hoher emotionaler Bindung würden ihrer Familie und Freunden das eigene Unternehmen als hervorragenden Arbeitsplatz empfehlen – Arbeitnehmer ohne emotionale Bindung tun dies nur in vier Prozent der Fälle.

Die Folgen ungewollter Fluktuation bringen erhebliche Kosten mit sich: Sie reichen vom Aufwand für Neuausschreibungen, Auswahlverfahren und Einarbeitung bis hin zum Know-how-Verlust und Kundenabwanderung durch beispielsweise häufige Wechsel von Ansprechpartnern. Reduziert ein Unternehmen mit 2.000 Mitarbeitern den Anteil seiner Beschäftigten ohne emotionale Bindung um fünf Prozentpunkte und erhöht gleichzeitig die Anzahl seiner Mitarbeiter mit hoher emotionaler Bindung um den gleichen Anteil, würden sich seine Kosten durch die geringere Fluktuation laut Gallup-Studie um rund 420.000 Euro minimieren! Emotionale Mitarbeiterbindung wirkt wie eine Art Schutzimpfung gegen Abwanderung und bietet Unternehmen Sicherheit in ihrer Personal- und Kostenplanung. Das ist gerade vor dem Hintergrund des Fachkräftemangels nötig. Fast ein Fünftel aller Mitarbeiter (18 Prozent) stimmt in der Gallup-Erhebung vollständig zu, dass ihr Arbeitgeber große Schwierigkeiten hat, den Bedarf an geeigneten Fachkräften zu decken. Nur wenige Beschäftigte (16 Prozent) sind zudem voll und ganz davon überzeugt, dass ihr Arbeitgeber dazu in der Lage ist, die besten Talente anzuziehen. Die Zahlen sind eigentlich erschreckend, auch wenn sie eine leichte Tendenz zur Verbesserung andeuten.

The War for Talents – der Kampf um die besten Talente

Gerade vor dem Hintergrund der demografischen Entwicklung wird es für Unternehmen nicht einfacher, die besten Mitarbeiter zu gewinnen. Es werden immer weniger und das Dumme daran ist: Die Guten werden dank unseres Bildungssystems nicht mehr. Das ist ein Paradoxon. Die Arbeitslosenrate steigt ständig und gleichzeitig tobt der Kampf um die besten Talente – hier erkennt man ein gefährliches Auseinanderdriften von Bedarf und Akzeptanz. Die Lösung ist nicht schwer: Berufsorientierung, Talente-Checks, Erkennen von Eignung und Begabung. Im vorangegangenen Kapitel kamen kurz jene Mitarbeiter zur Sprache, denen es lieber ist, nach starren Strukturen und nach genauen Vorgaben zu arbeiten. Jene in einer Abteilung einzusetzen, in der selbstständiges Agieren, Flexibilität und Kreativität gefordert ist, macht auf Dauer keine der Seiten glücklich.

Demografischer Wandel

Mehr ältere und weniger jüngere Menschen: die demografische Entwicklung unseres Landes, welche sich heute in einem steigenden Anteil der älteren und einem sinkenden Anteil der jüngeren Generation ausdrückt, hat logischerweise ganz wesentliche Auswirkungen auf beinahe alle Bereiche des gesellschaftlichen Lebens.

Der demografische Wandel macht sich aber nicht nur in einer veränderten Altersstruktur der Bevölkerung bemerkbar. Generell unterliegen gesellschaftliche Strukturen, Lebens- und Verhaltensweisen grundlegenden Veränderungen, welche sich beispielsweise in einer veränderten Struktur der Haushalte, einer Erosion der klassischen Familienstrukturen oder einer zunehmenden Urbanisierung ausdrücken.

Drei Tendenzen prägen die demografische Entwicklung maßgeblich: Steigende Lebenserwartung, niedrige Geburtenrate und zunehmende Migration. Unsere Lebenserwartung steigt im Durchschnitt um zwei Jahre pro Jahrzehnt. Derzeit liegt sie in Österreich bei 77,7 Jahren bei Männern und 83,1 Jahren bei Frauen. Die „Fertilitätsrate" in Österreich liegt bei 1,44 Kindern pro Frau, was deutlich unter dem Reproduktionsniveau liegt. Von Generation zu Generation wird uns etwa ein Drittel der Bevölkerung fehlen. Dies liegt daran, dass die Geburtenrate von derzeit 1,44 Kindern pro Frau nur zu zwei Dritteln jener Geburtenrate entspricht, die für eine Bestandserhaltung nötig ist: Dies sind etwa 2,1 Kinder pro Frau – sie muss sich und ihren Mann ersetzen unter Einbeziehung der zum Glück bei uns sehr niedrigen Kinder- und Jugendsterblichkeit.

Der Bevölkerungszuwachs in Österreich basiert nämlich hauptsächlich auf einem positiven Wanderungssaldo. Ohne Zuwanderung würde die österreichische Bevölkerung stagnieren beziehungsweise mittel- bis langfristig sogar schrumpfen. Die demografische Entwicklung mit Blickrichtung mehr ältere als jüngere Menschen hat weitreichende Auswirkungen auf das gesellschaftliche Zusammenspiel, aber auch auf Wirtschaft, Unternehmen und Arbeitsmarkt, auf Politik und Sozialsysteme. Berücksichtigt man alle Geburten-, Sterbe- und Migrationsraten, so wird beispielsweise Deutschland in den nächsten Jahren jährlich netto etwa 200.000 Menschen vom Arbeitsmarkt verlieren. Die Gesellschaft wird immer älter und Unternehmen müssen sich dringend auf die Veränderung der Struktur ihrer Belegschaft einstellen. Diese Struktur ist bereits vorhanden und wird sich auch noch weiter verstärken: So wird der Anteil der älteren Erwerbstätigen deutlich steigen, während sich die Akquirierung jüngerer Mitarbeiter zunehmend schwierig gestaltet, weil es weniger von ihnen gibt und weil es nicht mehr selbstverständlich sein wird, sie zu bekommen. Unternehmen werden in eine Reihe von Maßnahmen investieren müssen, um die besten der Jungen für sich zu gewinnen. Die demografische Entwicklung wird es auch notwendig machen, in Zukunft das gesamte Erwerbspotenzial, das unserer Volkswirtschaft zur Verfügung steht, verstärkt zu nutzen. Das betrifft insbesondere Frauen, ältere Bevölkerungsschichten und Personen mit Migrationshintergrund. Der demografische Wandel ist eines der großen Themen des 21. Jahrhunderts und wird die politische, soziale und ökonomische Situation unseres Landes entscheidend verändern. In 25 Jahren wird jeder dritte Österreicher über 60 Jahre alt sein. Anteilsmäßig sind dies mehr als doppelt so viele pro Kopf der 20- bis 60-Jährigen als heute.

Der demografische Wandel hat nicht nur Österreich erfasst, sondern auch die anderen europäischen Länder. Die Entwicklung in Deutschland ist am weitesten fortgeschritten. In keinem anderen EU-Land leben prozentual gesehen mehr Menschen ab 65 Jahren: Anfang 2010 waren es 20,7 Prozent der Bevölkerung. Aber auch in Italien hatte rund jede fünfte Person ihren 65. Geburtstag bereits hinter sich

(20,2 Prozent). In Österreich waren es 17,3 Prozent. Zum Vergleich: In Irland war es nur etwa jede neunte Person (11,3 Prozent), womit die „grüne Insel" den niedrigsten Anteil älterer Menschen in der EU hatte. Insgesamt lebten Anfang 2010 in den 27 EU-Ländern 86 Millionen Menschen im Alter von 65 und mehr Jahren. Das entsprach einem Bevölkerungsanteil von durchschnittlich 17,4 Prozent, Österreich lag damit leicht unter dem EU-Durchschnitt. Der Prozess des demografischen Wandels verläuft in den einzelnen EU-Staaten mit unterschiedlicher Dynamik. Noch am Anfang der Entwicklung steht hier zum Beispiel Irland. Dort verharrt der Anteil der Menschen ab 65 Jahren seit Jahrzehnten auf gleichbleibendem Niveau. Der Anteil der Kinder und Jugendlichen bis 15 Jahren liegt allerdings deutlich niedriger als noch vor einigen Jahrzehnten, sodass der Anteil der Älteren an der Gesamtbevölkerung in absehbarer Zukunft auch dort zunehmen wird. Die Alterung unserer Gesellschaft hat tiefgreifende Auswirkungen auf die Alters- und Gesundheitsvorsorge. Sie ist zudem eine Herausforderung an unser gesamtes Wirtschaftssystem, an den Arbeitsmarkt, die Produktion und den Kapital- und Immobilienmarkt unseres Landes.

Wird unser Lebensstandard sinken, weil die Zahl der Menschen im erwerbsfähigen Alter zurückgeht? Oder wird der natürliche Produktivitätsfortschritt auch weiterhin für einen steigenden Lebensstandard sorgen? Könnte der bislang „natürliche" Produktivitätsfortschritt nicht durch die Alterung vermindert oder gar gestoppt werden, weil den Alten die Ideen ausgehen? Oder gibt es einen entgegengesetzten Rückkopplungsprozess, nachdem die Gesellschaft unter dem Druck der (demografischen) Verhältnisse neue Produktivitätsreserven erschließt? Dies sind beispielhafte Fragen, die zeigen, wie fundamental der demografische Wandel unsere ökonomische Situation beeinflussen kann.

Leider hat sich hierzulande eine eher pessimistische Sicht

eingestellt. Der demografische Wandel wird von den meisten als Bedrohung, die gesetzliche Rente als Auslaufmodell und unser Gesundheitssystem als Kostenfaktor gesehen. Stattdessen ist unsere steigende Lebenserwartung und die stetig besser werdende Gesundheit eine Ressource, die eine höhere Erwerbstätigkeit ohne größere Einbußen an Lebensqualität ermöglicht und das Bedrohungspotenzial des demografischen Wandels in eine große Chance für Jung und Alt wendet. Auch das Argument, dass ältere Menschen den jüngeren die Arbeitsplätze wegnehmen, ist nach aller Evidenz grundlos.

Arbeitsleid – ein Begriff, den es nur in deutscher Sprache gibt

In der Wirtschaftssoziologie und in der deutschen Judikatur kennt man den Begriff des Arbeitsleids, eine allgemeine Bezeichnung für die negativen Erlebnisse der Arbeitenden im Arbeitsprozess aufgrund körperlicher Anstrengung, psychischer Belastung und sozialer Unfreiheit. Das ist interessant. Im Englischen existiert dieser Begriff nicht.

Ob der dramatische Strukturwandel unseren Lebensstandard und unseren Sozialstaat bedroht, ist daher keineswegs ausgemacht, sondern hängt von unseren künftigen wirtschafts-, sozial- und arbeitsmarktpolitischen Entscheidungen und unserer Reaktion auf diese politischen Maßnahmen ab.

Für die wirtschaftliche Entwicklung ist weniger die Altersschichtung grundlegend als die Aufteilung in Menschen, die zur Wirtschaft und den sozialen Sicherungssystemen direkt oder indirekt finanziell beitragen, und Menschen, die von ihnen alimentiert werden – sei es, weil sie noch in Ausbildung stehen oder sei es, weil sie sich nach dem Erwerbsleben im verdienten Ruhestand befinden. Altersschichtung und Erwerbsphase hängen zwar eng zusammen, aber hier gibt es viele Spielräume: Wenn wir uns zum Beispiel mit

Dänemark vergleichen, kommen dort die jungen Menschen etwa zwei Jahre früher in ihren Beruf. Es arbeiten deutlich mehr Frauen als bei uns, vor allem nach der Kindererziehungsphase; schließlich gehen die Dänen und Däninnen über vier Jahre später in die Pension als in Österreich. Bei ähnlicher Altersschichtung gibt es in Dänemark also deutlich mehr Erwerbstätige pro Kopf der Bevölkerung als bei uns.

Die Kenngröße Erwerbstätige pro Kopf der Bevölkerung ist zentral für die ökonomischen Auswirkungen des demografischen Wandels; sie ist aber auch eine der wichtigsten Schlüsselgrößen für Lösungsansätze, die aus dem Bedrohungspotenzial des demografischen Wandels eine Chance machen können. Sie ist nicht einfach zu prognostizieren, da sie von vielen Annahmen wie Länge von Schulzeit und Studium, Vereinbarkeit von Beruf und Familie und von dem Verhalten der Arbeitnehmer und Arbeitgeber beim Renteneintritt abhängt. Die höhere dänische Erwerbsbeteiligung ist nicht etwa vom Himmel gefallen oder Ausdruck einer etwaigen traditionellen dänischen Lust am Arbeiten, sondern war Resultat eines etwa zehn Jahre langen Arbeitsmarktreformprozesses in den 1990er-Jahren. Die Demografie selbst ist also nicht unser Schicksal, sondern ob wir es schaffen, uns durch eine Erhöhung der Erwerbsbeteiligung an den demografischen Wandel anzupassen.

Altersgerecht arbeiten

Der steigende Anteil der Bevölkerung im fortgeschrittenen Alter hat erhebliche Implikationen für die Stabilität und Nachhaltigkeit der Sozial- und Pensionssysteme. Wenn wir die derzeitigen politischen Strategien beibehalten, wird die zunehmende Alterung der Bevölkerung immer höheren Druck auf die öffentlichen Ausgaben ausüben.

Der demografische Wandel bedeutet mittelfristig, also in etwa 15 Jahren, dass wir viele Pensionisten haben werden, aber wenige Beitragszahler in die Pensionsversicherung. Dementsprechend – das ist auch nicht neu – wird es viele Personen geben, die Leistungen aus der gesetzlichen Sozialversicherung benötigen, aber nur wenige Menschen, die Beiträge in die gesetzliche Sozialversicherung einzahlen. Tatsächlich sind alle unsere sozialen Sicherungssysteme bedroht, wenn es weniger Erwerbstätige, also weniger Beitragszahler für die beitragsfinanzierten Sozialversicherungen geben wird. Das ist gut bekannt, unsere jeweilige Regierung streitet ja auch schon Jahrzehnte darüber und konnte sich auf keine nennenswerten Reformen einigen (es gilt natürlich die Unschuldsvermutung).

Die Alterung bedeutet auch fundamentale Veränderungen für die makroökonomische Entwicklung. Denn in den nächsten zwanzig Jahren wird sich unsere Bevölkerungszahl kaum ändern, sie schrumpft erst nach dem Ableben der sogenannten Babyboom-Generation. Es wird also weiterhin viele Konsumenten geben, aber deutlich weniger Erwerbstätige, welche jene Güter und Dienstleistungen produzieren, die diese Menschen konsumieren wollen. Weniger Erwerbstätige, also Produzenten von Gütern und Dienstleistungen, heißt notwendigerweise, dass das Bruttoinlandsprodukt, nachdem wir zumindest approximativ unseren Wohlstand messen, sinken wird. Der ökonomische Lebensstandard, definiert als Bruttoinlandsprodukt pro Kopf der Bevölkerung, wird erzeugt als Produkt der in die Volkswirtschaft gesteckten Ressourcen (vor allem die Anzahl der Arbeitsstunden, aber auch des Realkapitals, also Maschinen und Ausrüstungen), multipliziert mit der Produktivität, die in Arbeit und Maschinen eingesetzt wird.

Die zukünftige Entwicklung des Bruttoinlandsprodukts pro Kopf besteht daher aus drei Komponenten: der zukünftigen Entwicklung der Produktivität, der Wachstumsrate der Erwerbsquote und der Wachstumsrate des Realkapitals, das pro Kopf der arbeitenden Bevölkerung aufgewendet wird.

Hier gibt es zunächst einmal nur schlechte Nachrichten. Erstens erwarten Experten nicht, dass die Erwerbsquote deutlich steigen könnte. Zweitens behaupten viele Menschen, dass ältere Menschen weniger produktiv sind als jüngere Menschen. Sollte diese Behauptung stimmen, würde eine Alterung der Bevölkerung, die auch immer eine Alterung der Belegschaft impliziert, einen Rückgang der Produktivität zur Folge haben. Drittens hat eine ältere Bevölkerung eher die Tendenz dazu, Vermögenswerte abzubauen, anstatt neue anzusammeln. Dies gilt natürlich auch für die Sparguthaben, mit denen Investitionen finanziert werden. Ein Wachstum des Produktivkapitals pro Kopf der arbeitenden Bevölkerung ist daher in einer alternden Bevölkerung schwerer zu finanzieren. Zudem wird sich auch auf den Immobilien- und Kapitalmärkten eine wesentliche Strukturveränderung ergeben, wenn die Babyboom-Generation ihr angespartes Vermögen und viele ihrer erworbenen Häuser verkaufen möchte. Denn dann gibt es viele Verkäufer von Vermögensgegenständen, aber relativ wenige Käufer aus der jungen Generation. Einige Experten sehen hier die nächste Finanzkrise mit einem Abschmelzen der Vermögenswerte auf uns zukommen.

Wir müssen uns anstrengen

Soweit muss es nicht kommen. Wird es aber, wenn wir weiterhin in Bewegungslosigkeit verharren. Die Lösungsansätze liegen im Prinzip auf der Hand: Eine höhere Erwerbstätigkeit, mehr Aus- und Weiterbildung und ein Abfedern der stärksten Belastung durch eine echte „Nachhaltigkeitsreserve". Wir müssen uns anstrengen, indem jüngere Menschen früher in den Beruf eintreten, mehr Frauen Familie und Beruf miteinander vereinbaren können und wir die Menschen nicht schon mit Anfang sechzig in den Ruhestand schicken. Das zuvor zitierte Beispiel Dänemark zeigt, dass dies machbar ist. Alle drei Komponenten des Bruttoinlandsprodukts – Erwerbstätigkeit, Produktivität und Kapitalstock – können auch bei einer alternden Gesellschaft wachsen. Eine alternde Gesellschaft ist keineswegs zum Stillstand oder gar Rückschritt verdammt. Ganz im Gegenteil: die Tatsache, dass Menschen im Alter von 60 Jahren heute eher den Menschen im Alter von 50 Jahren vor einer Generation ähneln, stellt eine enorme Chance dar.

Grund zu einem fundamentalen Pessimismus gibt es keinen. Die ökonomischen Auswirkungen des demografischen Wandels sind kein unabänderliches Schicksal, sondern sie können abgewendet werden, wenn man sich nur an eine sich verändernde Welt anpasst. Zentrale Stellhebel sind eine erhöhte Erwerbsquote, vor allem unter den Älteren, und deren Aus- und Weiterbildung. Mit einer geschickten Kombination von Arbeitsmarkt- und Sozialversicherungsreform kann unser Lebensstandard auch in Zukunft zumindest gehalten werden, vielleicht sogar steigen.

Generation Y

„Die Jugend liebt heute den Luxus. Sie hat schlechte Manieren, verachtet die Autorität, hat keinen Respekt mehr vor älteren Leuten und diskutiert, wo sie arbeiten sollte. Die Jugend steht nicht mehr auf, wenn Ältere das Zimmer betreten. Sie widerspricht den Eltern und tyrannisiert die Lehrer." Der Satz stammt von Sokrates (469–399 v.Ch.), der fast zweieinhalb Jahrtausende später ziemlich sicher seine Meinung nicht geändert hätte.

Sind sie wirklich so schlimm, die Vertreter dieser Generation? Das ist nämlich ein häufiges Schicksal von Worthülsen: Jeder hat eine andere Vorstellung davon, was das Wort bedeutet. Klar ist, die Generation Y sind die jungen Leute von heute. Und da hat jeder von uns ein anderes Bild von den jungen Leuten von heute.

Mit Generation Y (kurz: Gen Y) wird in der Soziologie jene Bevölkerungskohorte bezeichnet, deren Mitglieder von ca. 1980 bis um das Jahr 2000 herum zur jungen Bevölkerung und zu den Jugendlichen zählten. Je nach Quelle wird diese Generation auch als Millennials bezeichnet. Sie gilt damit als Nachfolgegeneration der Baby-Boomer und der Generation X. Die Gen Y gilt als gut ausgebildet, oft mit Fachhochschul- oder Universitätsabschluss, und sie zeichnet sich durch eine technologieaffine Lebensweise aus, da es sich um die erste Generation handelt, die größtenteils in einem Umfeld von Internet und mobiler Kommunikation aufgewachsen ist. Studien zufolge arbeitet sie lieber in virtuellen Teams als in tiefen Hierarchien. Anstelle von Status und Prestige und einer Karriere im klassischen Sinn rücken die Freude an der Arbeit sowie die Sinnsuche ins Zentrum. Mehr Freiräume, die Möglichkeit zur Selbstverwirklichung sowie mehr Zeit für Familie und Freizeit sind diesen Studien zufolge zentrale Forderungen der Generation Y: Sie will nicht mehr dem Beruf alles unterordnen, so wie es ihre Väter und manchmal auch ihre Mütter vormachten, sondern fordert eine Balance zwischen Beruf und Freizeit. Nicht erst nach der Arbeit beginnt für die Generation Y der Spaß, sondern sie möchte schon während der Arbeit glücklich sein – durch einen Job, der ihnen einen Sinn bietet.

Diese Generation verkörpert einen Wertewandel, der auf gesellschaftlicher Ebene bereits stattfindet, den die jungen Beschäftigten nun aber auch in die Berufswelt tragen. Der Berliner Jugendforscher Klaus Hurrelmann macht auf die Multioptionsgesellschaft und Grenzlosigkeit aufmerksam, in welcher die Generation Y groß geworden ist. Die Millennials sind optimistisch und selbstbewusst und haben wenig Vertrauen in die Regierung, weshalb sie sich durch passiven Widerstand aktiv ins politische Geschehen einbringen. Ein Beispiel dafür ist die Occupy-Wall-Street-Bewegung, die perfekt die moderne Organisation der Generation Y abzeichnete.

Als Gegenpol bzw. Verlierer dieser Generation bezeichnen Susanne Finsterer und Edmund Fröhlich im gleichnamigen Buch die Generation Chips, die – überwiegend in der sogenannten Unterschicht – zu viel Medien konsumierten, sich einseitig ernährten und von der gesellschaftlichen Teilhabe weitgehend ausgeschlossen seien.

Im Alter von 21 hat ein Mitglied der Generation Y, also alle nach 1984 geborenen, schon viel erledigt und erlebt: 250.000 E-Mails bzw. Kurznachrichten bearbeitet, 10.000 Stunden mobil telefoniert, 5.000 Games gespielt, 3.500 Stunden in sozialen Netzwerken verbracht. Diese Generation ist in digitalen Welten und sozialen Netzwerken aufgewachsen und hat ganz unterschiedliche Erwartungen an das Arbeitsleben als die Generationen zuvor.

Die Generation Y und das Internet

Einer Studie zufolge sagen 62 Prozent junger Arbeitnehmer, dass sie sich ein Leben ohne Internet nicht mehr vorstellen können, 40 Prozent der Studenten geben an, dass ihnen Kontakte über soziale Medien wichtiger sind als reale Treffen. 29 Prozent der Studenten meiden Unternehmen, die soziale Medien während der Arbeitszeit verbieten, 30 Prozent sind bei der Jobsuche Zugang zu sozialen Medien sehr wichtig. Diese Digital Natives sind selbstbewusst, nicht mehr sonderlich an Karriere im klassischen Sinn, sondern vielmehr an Selbstverwirklichung interessiert. Ein Kommentator bei Spiegel Online nennt sie die Generation „Überfordert mich nicht!".

Generation Null Bock, Generation Golf, Generation Internet und jetzt eben Generation Y – im Prinzip sind das Bezeichnungen, die das Habitus-Extrem einer Boheme generalisieren. Die 1968er sind ein gutes Beispiel. Die 68er-Bewegung hat der 68er-Generation ihren Namen gegeben, für die die späten 1960er-Jahre eine prägende Phase war.

Angehörige der Generation, im Besonderen aktive Teilnehmer der Bewegungen, werden 68er bzw. Alt-68er genannt. Es werden aber auch allgemein die Geburtsjahrgänge 1940 bis 1950 als 68er-Generation bezeichnet. Seit dem Jahr 2005 beginnt diese Generation das reguläre Renteneintrittsalter zu erreichen und schaut man auf ihr Leben, stellt man fest: Die meisten waren ganz gewöhnliche Menschen und haben nie im Leben Gras geraucht. 1968 konnte man also durchaus als ein Minderheitenphänomen bezeichnen, bei der Generation der jetzt 18- bis 32-Jährigen ist die Boheme aber so verhaltensauffällig, dass sich Personalabteilungen allerorts genauso Gedanken machen wie die Medien – nur kommt man mit Verallgemeinerungen und Vermutungen nicht weiter. Wenn die Shell-Jugendstudie 2012 die Überangepasstheit und den Pragmatismus hervorhebt und Don Tapscott bereits 1998 behauptet, wir hätten es erstmals in der Geschichte mit Kindern zu tun, die höher qualifiziert seien als ihre Eltern, dann wird es Zeit, sich genauer anzusehen, was sich zum Beispiel durch die digitalen Fähigkeiten dieser Generation konkret ändert – und da wird die Faktenlage dünn. Fest steht, dass die Existenzangst auf niedrigen und mittleren Bildungsstufen zunimmt, während sich für höher Gebildete die Regeln im Karrierespiel ändern. Ein paar interessante Fakten aus der Shell-Jugendstudie 2012:

- Die Verbundenheit mit und die Abhängigkeit von den (Patchwork-)Eltern ist höher: Die Generation bleibt länger im Elternhaus und wird bis Mitte 30 substanziell finanziell unterstützt.
- Die Mobilität nimmt ab: Die Generation fährt gern in Urlaub, setzt sich aber weniger stark internationalen Erfahrungen aus.
- Die Empathie nimmt ab: Soziale Netze führen eher zu nutzenorientierten Kontakten als zu belastbaren Beziehungen.

- Fachkarrieren sind attraktiver als Führungskarrieren: Erste Befunde weisen darauf hin, dass die nächste Generation eher auf interessante projektfokussierte Fachkarrieren setzt, während gleichzeitig die Verweildauer von Führungskräften sinkt.

Und das ist dann doch eine Menge Veränderung, auf die sich Unternehmen und dort heimische Personalmanager einstellen sollten. Nimmt man die Befunde zusammen, dann ist eine nicht uninteressante Umstellung zu beobachten: Ging es früher um „Oben" oder „Unten", so geht es jetzt um „Innen" oder „Außen". Vom Aufstieg in der Ordnung des Geheiligten – also der Hierarchie – zur Ordnung durch Nachbarschaftspflege – also der Heterarchie. Diese Generation könnte Sinn in gesellschaftlichem Engagement suchen, nachdem Zivil- oder Wehrdienst Phantomschmerzen verursachen. Konkret haben wir es mit einer Generation „Keine Generations-Definitionen bitte!" zu tun. Multiple Wege, multiple Biografien, entschiedene Unentschiedenheit. Und dann im besten Fall „Optimistische Sinnstifter" und „Spielregel-Änderer". Wie es dazu gekommen ist? Diese Generation hat erfahren, was der Soziologe Charles Perrow als die „Normalität der Katastrophe" beschrieb: Krisen technischer, finanzieller, sozialer, klimatischer Art. Diese Generation hat von der New-Economy-Krise über 9/11 und Fukushima bis hin zur Finanzmarkt- und EU-Krise tatsächlich eine Normalität der Katastrophe erlebt, die einerseits für Abstumpfung sorgen könnte, aber eben auch für Engagement und den Wunsch nach Spielregeländerung. Dazu kommen der Rückenwind der Demografie und der Vermögensnachfolge, der Gegenwind der vorherigen Generation, die Auseinandersetzung mit den alten Spielen und Vorbildern und schließlich die Nutzung nachbarschaftlich organisierter Sozialtechniken. Zusätzlich sorgt die erstmalige Vermögensnachfolge seit gut hundert Jahren für eine neue Gelassenheit der nächsten Generation. Das kann Dekadenz bedeuten, aber auch ein stärkeres Leiten nach Interessen. Allerdings ist der Gegenwind der vorherigen Generation, also derjenigen, die jetzt in den Führungspositionen sitzt, nicht zu unterschätzen. Sie wird länger arbeiten und sich vielleicht auch nicht so schnell von den ritualisierten Machtspielen verabschieden wollen. Erste Studien sprechen von 50 Prozent Verweigerern und Bremsern im bestehenden Management.

Die Generation-Y-Vertreter sind also die Gegenspieler von Nachfolgern, die in sozialen Medien projektbezogene Nachbarschaftlichkeit erfahren haben und mit aufstiegsbezogenen Hierarchien nicht viel anfangen können. In Netzwerken sozialisiert, haben sie frühere und genauere Selbstbeobachtung gelernt und ihre Selbstwirksamkeit ist viel stärker ausgeprägt, also: Was kommt bei dem, was ich tue, ganz konkret raus?

Die Generation, die bereits in zwölf Jahren weltweit 75 Prozent der Erwerbstätigen ausmachen wird, stellt also die Personalabteilungen – sämtlich aus der vorherigen Generation, der man den Stempel X verpasst hat – auf die Probe. Nicht nur Kunden, die Globalisierung und das Auf und Ab der Konjunktur machen den Unterschied, sondern eben auch die Angestellten, die sich anstellen, weil sie nicht mehr so angestellt sein wollen wie die Vorgänger. Sind Unternehmen darauf vorbereitet? In der Zusammenarbeit mit öffentlichen Verwaltungen, Unternehmen und auch zivilgesellschaftlichen Organisationen bzw. Kulturbetrieben lassen sich da sehr unterschiedliche Reflexionsniveaus feststellen. Insgesamt ist durchaus eine Neugier zu spüren, insbesondere bestimmte Großkonzerne mit breit aufgestellter Personalarbeit prüfen neue Formen des Recruiting, aber auch der längerfristigen Bindung.

Mythen und Fakten

Die von einzelnen Medien gern veröffentlichten Arbeitgeber-Rankings scheinen hingegen mit ihren Fragebögen noch nicht ganz auf dem Niveau der Diskussion zu sein, die Fragestellungen scheinen mit ihrer Aneinanderreihung von Suggestivfragen zudem an vorherige Generationen gerichtet zu sein.

Mythos 1:
Mitglieder der Generation Y sind illoyal und wollen keine Verpflichtungen eingehen. Das ist Unsinn. Sie können sehr loyal sein, aber sie zeigen keine blinde Loyalität. Ihr Verständnis des Arbeitskontraktes ist transaktional, das heißt, sie bieten die Art von Loyalität, die Sie auf jedem freien Markt finden. Die Loyalität und Verpflichtungen, die Y-ler eingehen, sind verhandelbar: Was gibst du mir? Was muss ich dir dafür geben?

Mythos 2:
Sie arbeiten nur, wenn es ihnen Spaß macht Die Y-ler wollen nicht bespaßt werden. Im Gegenteil: Es ist ihnen wichtig, dass sie ernst genommen werden. Sie wollen sich engagieren, Möglichkeiten zum Lernen und Herausforderungen haben. Sie wollen mit guten Leuten zusammenarbeiten und sie fordern Flexibilität dahingehend, wo, wann und wie sie arbeiten. Das macht für sie den Spaß an der Arbeit aus.

Mythos 3:
Geld ist das Einzige, was sie interessiert, Geld muss für die Y-Generation einen „Schwellenwert" erreichen. Bieten Sie dem Y-ler ein Gehalt über seinem Schwellenwert, ist er an fünf weiteren Aspekten interessiert: Flexibilität der Arbeitszeit, Beziehungen/Netzwerke, Wahl der Aufgaben, Weiterbildungsmöglichkeiten und Standort. Insgesamt verliert Besitz an Bedeutung: benützen statt besitzen.

Mythos 4:
Sie haben keinen Respekt vor Vorgesetzten, Titel verlieren
in Doktoraberkennungs-Zeiten ihre Bedeutung. Das heißt
jedoch nicht, dass die Generation Y keinen Respekt hat. Sie
respektiert starke Führungskräfte, die innovative Methoden
nutzen und eine größtmögliche Balance zwischen Flexibilität einerseits und einem nötigen Ausmaß an Kontrolle andererseits herstellen können.

Mythos 5:
Es ist unmöglich, sie langfristig an Unternehmen zu binden.
Die Y-ler interessiert, was sie morgen, in der nächsten Woche und im nächsten Monat erwartet. Eine Bindung ist nicht
durch eine langfristige Planung erreichbar, sie wird Tag für
Tag neu „verhandelt". Solange die Bedürfnisse der Y-Generation erfüllt werden, ist eine langfristige Bindung an das
Unternehmen durchaus möglich. Aber dieser Optimismus
hat ein solides Fundament. Das liegt am demografischen
Wandel. Jugendliche haben feine Antennen: Sie wissen, dass
sie begehrt sind, dass sie, weil sie wenige geworden sind,
umworben werden. Das Gefühl, sicherer zu sein, unterstützt
auch die Bereitschaft, sich zu engagieren. Auch Problem-
jugendliche wird man bald besser in Ausbildung bringen
können. Ganz sicher aber wird die Alterung der Gesellschaft
dafür sorgen, dass Arbeitsmärkte zu Arbeitnehmermärkten
werden – mit Definitionshoheiten der Arbeitnehmer, aber
mit beidseitigen Anforderungen an die Flexibilität.

Generation Z

Kaum haben wir die Generation Y und ihre Wünsche verstanden, wartet schon die Generation danach – Generation
Z. Sie unterscheiden sich wieder deutlich dadurch, dass sie
klare Grenzen und Regeln einfordern. SAGT MIR BIT-
TE KLIPP UND KLAR, WAS ZU TUN IST! So lassen

sich die ersten Erfahrungen mit dieser neuen Generation Z zusammenfassen. Es ist noch zu früh, um wirklich aussagekräftige Erkenntnisse an dieser Stelle anzubringen, denn die empirische Sozialforschung hat erst vor zwei Jahren begonnen, sich mit Vertretern der Z-Generation zu befassen, aber manches lässt sich erahnen: Die Lust auf klare Ansagen (vielleicht durch einen Mangel an Klarheit in der elterlichen Erziehung) und eine Renaissance von Regeln und Richtlinien.

Techniker werden Mangelware

Wandeln sich aktuell die hoch entwickelten Volkswirtschaften zu reinen Dienstleistungsgesellschaften? Wird die Industrie künftig bedeutungslos? Ein Blick in die amtliche Statistik scheint diese Fragen zu bejahen: In allen hoch entwickelten Volkswirtschaften – so auch in Österreich und Deutschland – ist dieser Trend zur Tertiärisierung zu beobachten. In den 1970er- und 1980er-Jahren des vergangenen Jahrhunderts ist die reale Bruttowertschöpfung im verarbeitenden Gewerbe jahresdurchschnittlich um 1,7 Prozent gewachsen, im Dienstleistungssektor dagegen mit 4,0 Prozent (1970er-Jahre) und 3,4 Prozent (1980er-Jahre) deutlich stärker. Als Folge dieser Entwicklung ging der Anteil des verarbeitenden Gewerbes an der gesamten Wertschöpfung zurück: von 37 Prozent Anfang der 1970er-Jahre auf 29 Prozent Anfang der 1990er-Jahre. Der Anteil des Dienstleistungssektors stieg von 48 Prozent auf 62 Prozent. 2012 wurden nur noch 22 Prozent der Wertschöpfung im verarbeitenden Gewerbe erwirtschaftet, dagegen 68 Prozent im Dienstleistungssektor. Seit Mitte der 1990er-Jahre hat sich der Anteil des verarbeitenden Gewerbes an der gesamten Wertschöpfung auf ein Niveau von etwas mehr als einem Fünftel eingependelt.

Studien zum sektoralen Strukturwandel verweisen auf die große Heterogenität des Dienstleistungssektors und zeigen, dass sich die verschiedenen Dienstleistungssparten ganz unterschiedlich entwickelt haben. Zugenommen haben vor allem die Branche Information und Kommunikation sowie unternehmensnahe Dienstleistungen wie Forschung und Entwicklung, technische Dienste, Finanzierung, Rechts- und Steuerberatung, Werbung und Marktforschung. Diese Entwicklung legt die Vermutung nahe, dass das Wachstum im Dienstleistungssektor nicht unerheblich von der Nachfrage der Industrie getrieben wird. Personalabteilungen und Recruiter bestätigen die starke Tendenz Richtung Technikermangel: Es fehlt an Facharbeitern, HTL-Absolventen, TU-Absolventen. Im betriebswirtschaftlichen Bereich gilt es als schwer, Finanzer, Controller usw. zu finden.

Aus Sicht der Personalkosten zeigt sich bereits die Tendenz, dass Leistungen aus dem sogenannten Technik- bzw. Produktionssektor teurer werden. Da wird sich die Frage stellen, wer den Preis dafür zahlt. Die aktuelle Diskussion ist in der Tat oft übertrieben und undifferenziert. Es gibt derzeit keinen allgemeinen Ingenieurmangel, sondern lediglich Engpässe in einzelnen Berufen, vor allem bei Maschinenbau-, Elektro- oder Wirtschaftsingenieuren. In den Baufächern wie Architektur und Bauingenieurwesen ist eine erfreuliche Entspannung auf dem Arbeitsmarkt zu spüren – von einem Mangel an Architekten kann keine Rede sein. Für Unternehmen ist es einfach angenehmer, unter vielen Bewerbern auswählen zu können. Zudem erleichtert die öffentliche Aufmerksamkeit für den angeblichen Ingenieurmangel auch das Durchsetzen politischer Ziele. So können ausländische Studenten mittlerweile nach ihrem Abschluss viel leichter in Europa bleiben – was ohnehin längst überfällig war. Wer Technik studiert, dem ist ein Job so gut wie sicher. Trotzdem ist die Technik-Aversion der Österreicher unverändert groß. Personal-Experten orten eine breite Skepsis in allen technischen Bereichen und viel zu wenige Studierende. Von den Unter-16-Jährigen wollen demgemäß in Deutschland und Österreich nur sechs Prozent Ingenieur werden, in Korea hingegen sind es 80 Prozent. Die Gefahr der aktuellen Diskussion um den eklatanten Mangel an Technikern birgt die Gefahr, dass sich junge Menschen in vorauseilendem Gehorsam für ein Technikstudium entscheiden. Dies mitunter auch durch sanften Druck und subtile Machtausübung durch die Erziehungsberechtigten. Diese bezahlen schließlich das Studium, da ist es nur fair, wenn Eltern auch ein wenig über das Fachgebiet mitentscheiden dürfen, in das sie künftig eine Menge Geld investieren werden … Da können sie schließlich die Zukunftsängste und das Thema Jugendarbeitslosigkeit gleich bei der Inskriptionsstelle an der Universität abgeben.

Brennen für den eigenen Job und die eigene Berufung

Das wichtigste Kriterium für späteren Erfolg und Freude an der Arbeit ist aber nach wie vor, sich für ein Studium zu entscheiden, das einem liegt, für das man brennt. Eine Wahl aus Vernunftgründen war in vorigen Jahrhunderten üblich, als beispielsweise Eltern künftige Ehepartner für ihre Kinder aussuchten. Sätze aus Jane Austens Feder wie: „Und irgendwann habe ich Deinen Vater schließlich lieben gelernt …" waren vielleicht keine Lüge, also nicht direkt, wahrscheinlich haben sich die beiden wirklich irgendwann aneinander gewöhnt. Das kann auch mit dem falschen Beruf klappen. Wenn für ein Zweitstudium oder für eine Umschulung Zeit, Geld und Motivation fehlen, werden sich Beruf und Ausübender vielleicht irgendwie miteinander arrangieren, vielleicht sogar ein wenig aneinander gewöhnen und sich mögen. Aber das kann doch nicht das Ziel sein. Mit der Entscheidung für einen Beruf und für eine Ausbildung entscheidet man über die nächsten Jahre seines Lebens, und so eine Entscheidung sollte wohl überlegt sein. Übrigens auch deswegen, weil man ein anspruchsvolles Studium wie etwa

Maschinenbau sonst gar nicht durchstehen würde. Selbstverständlich ist es nicht verkehrt, den Arbeitsmarkt im Auge zu behalten, aber das sollte nicht das Entscheidende sein. Man weiß nie, wie es kommt, und deshalb ist es sinnvoll, ein Fach zu studieren, an dem das Herz hängt. Obwohl mit der aktuellen Debatte unter dem Titel „Technikersterben" der Eindruck erweckt wird, der Arbeitsmarkt sei leer gefegt, gibt es aktuell noch mehr als 23.000 arbeitslos gemeldete Ingenieure in Deutschland, darunter sind viele Ältere (über 50) und Frauen. Hinzu kommen an die 39.000 Ingenieurinnen, die weder erwerbstätig noch arbeitslos gemeldet sind, etwa wegen Erziehungsaufgaben – auch von ihnen könnten vermutlich etliche bei einem Ausbau öffentlicher und betrieblicher Kinderbetreuung wieder in den Arbeitsmarkt integriert werden. Eine Studie von Ernst & Young in Deutschland erhob, dass der wachsende Fachkräftemangel für Firmen jährlich Einnahmeausfälle in Milliardenhöhe bedeutet. Der Umsatzausfall in Deutschland liegt bei 33 Milliarden Euro, eine Million zusätzlicher Fachkräfte könnten die Firmen brauchen – mehrheitlich Techniker.

Der Arbeitsmarkt verhält sich also paradox: Nach wie vor herrscht Technikermangel, obwohl in der Wirtschaftskrise auch Techniker gekündigt wurden. Der Grund dafür wurde oben bereits genannt: Verfügbar wären ältere Fachkräfte, doch die Industrie will unbedingt junge. Das Neue, das Innovative, das, was uns vorwärts bringt – man kann es sich offenbar nur faltenlos und ohne graue Haare vorstellen. Das Problem liegt demnach einzig darin, dass die Industrie ältere Techniker nicht beschäftigen will. Eine Hürde ist das traditionelle Senioritätsprinzip. Die Unternehmen scheuen sich, einen älteren Mitarbeiter einem jüngeren Gruppenleiter zu unterstellen. In der Praxis funktioniert das heutzutage aber durchaus. Wenn wir dieses Vorurteil überwinden können, ist beiden Seiten geholfen. Die Unternehmen finden das nötige Personal und die Arbeitsuchenden finden einen

Job. Ein weiteres Hindernis liegt darin, dass das Know-how in technischen Berufen rasch überholt ist, was gerade die älteren Semester besonders trifft. Die offensichtliche Gegenmaßnahme wäre ein vermehrtes Weiterbildungs-Angebot speziell für Ingenieure über Fünfzig. Ist es nicht besser, die Anstellung von potenziellen Arbeitnehmern zu fördern, als Arbeitslosengeld zu bezahlen? Unterm Strich bleiben die Ausgaben für die öffentliche Hand nämlich dieselben.

Ressource Frau

In Österreich sind laut OECD-Studie mehr als 50 Prozent der berufsausübenden Frauen überqualifiziert für die Tätigkeit, die sie ausüben, oder sie sind überhaupt in ausbildungsfremden Berufen beschäftigt. In Führungsetagen schaffen es nur wenige von ihnen. Die Argumente dazu drehen sich seit Jahren im Kreis. Gleichstellungsbeauftragte schimpfen: „Die Unternehmen sind immer noch männlich dominiert, die Damen knallen an die Glasdecke, und die Kinderbetreuung in unserem Land ist eine Katastrophe." Die Personalchefs halten dagegen: „Wir hätten ja so gerne mehr weibliche Führungskräfte, aber wir finden keine. Und wenn wir doch welche auftun, kommen sie aus ihrer Elternzeit entweder gar nicht oder nur auf einen Teilzeitjob zurück." Auch hätten diese gerne mehr weibliche Techniker, denn nirgends ist die Technikerinnenquote so gering wie im deutschen Sprachraum – rund 10 Prozent. Was unter anderem auch der Grund dafür ist, dass wir immer noch über Gender Pay Day reden. Männer verdienen demnach für die gleiche Tätigkeit mehr als Frauen – Frauen würden für ihre Leistung unterbewertet. Da jedoch wenig Frauen in Hochlohnbereichen wie eben Technik und Naturwissenschaft zu finden sind, ergibt sich fast automatisch eine Ungleichstellung. Dazu kommt, dass man grundsätzlich am Ende des Arbeitslebens am besten verdient – auch da gehen Frauen deutlich früher in Pension.

Und schließlich haben wir auch einen deutlich höheren Anteil an Frauen in Teilzeitbeschäftigung – Fakten, die jedoch oft ungehört bleiben.

Kann es sein, dass diese Debatten so überholt sind wie unser Bildungssystem und unser Denken über Arbeit heute? Wer über die Frauenfrage diskutiert oder gar schreibt, ist gut beraten, die Emotionen und Meinungen in der Frauenfrage beiseite zu stellen und schlicht Fakten sprechen zu lassen. Diese Weisheit ziehen ihre Autoren auch aus persönlichen Erfahrungen, die sie am familiären runden Tisch gemacht haben. Jenseits von Rabenmutterdiskurs und Geschlechterkampf führen uns die Fakten nämlich zu der Erkenntnis, dass die Abwesenheit der Frauen in unseren heimischen Führungsetagen betriebswirtschaftlich schädlich und volkswirtschaftlich eine Verschwendung von Ressourcen ist. Demografisch droht uns ein massiver Mangel an Arbeitskräften: Der Nachwuchs wird immer knapper, wir haben schon darüber diskutiert. Es bedarf keiner höheren Mathematik, auszurechnen, dass unsere Volkswirtschaft in Wachstumsnöte gerät, wenn wir bei den Führungsaufgaben auch künftig auf die Hälfte des Potenzials verzichten.

Erst wenn dem ersten Bereichsleiter der Bonus gekürzt wird, weil er keine weiblichen Kräfte in der Pipeline hat und auch keine Idee, wie er das zu ändern gedenkt, geht ein Ruck durchs System. Das übereinstimmende Fazit unterschiedlicher Studien aus den vergangenen Jahren lautet wie folgt: Firmen, in denen Mitarbeiterinnen führende Positionen einnehmen, erwirtschaften mehr Gewinn. Das ist nicht nur in Frankreich und im französischen Leitindex so, sondern auch in den Vereinigten Staaten und im Dow Jones. Die US-Frauenorganisation Catalyst untersuchte die 500 umsatzstärksten Unternehmen der USA und kam zum selben Schluss wie die Berater von McKinsey: Gemischte Führungsgremien sind signifikant erfolgreicher. Unternehmen mit vielen Frauen im Vorstand erzielen im Vergleich

zu Wettbewerbern mit rein männlichen oder weiblich un-
terbesetzten Gremien eine bis zu 53 Prozent höhere Eigen-
kapitalrendite. Wo sich mindestens drei Frauen im Vorstand
finden, steigen die Erträge nachweislich. Ganz abgesehen
von der schlichten Tatsache, dass mehr als 70 Prozent aller
Kaufhandlungen europaweit von Frauen getätigt werden.
Wie vernünftig ist es da eigentlich, wenn von der Konzern-
entwicklung über Marketing bis hin zum Vertrieb jede Entscheidung von Männern bestimmt wird?

Diversity

Zu viele Herren aus dem oberen und mittleren Management
haben noch immer nicht verstanden, dass der Einsatz für
weibliches Talent und weibliche Arbeitskraft kein exotisches
Hobby ist, sondern von ökonomischer Vernunft diktierte
Notwendigkeit. Ohne entsprechende Zielvereinbarungen
und sanften Druck wird es daher kaum gehen. Frauen in internationalen Spitzenpositionen sind begehrte Interviewpart-
ner. Sie werden dann von den Journalisten gefragt, wie viel
Zeit denn übrig bliebe für die Kinderbetreuung und wie viele
Hausangestellte ihr für ihre Karriere denn so den Rücken
frei halten. Die Berichterstattung sollte sich wirklich verstärkt
darauf konzentrieren, wie diesen Frauen dieser Balanceakt gelingen kann – für Unternehmen wie auch für die Frauen. Aber
das ist nicht neu, es ist ein – nicht nur, aber schon sehr stark –
österreichisches Phänomen. Es ist viel sensationeller, darüber
zu berichten, wie schwierig und kaum machbar und teuer das
alles ist, als darüber zu schreiben, wie es gelingen kann. Kein
Wunder, würde das doch das Ende von Raunzerei (österreichisches Dialektwort für Jammerei, das Wort ist so gut wie
ausgestorben, die Tätigkeit an sich omnipräsent, Anm.) und
den Start von Ärmelhochkrempeln und Anstrengung und –
schon wieder dieses Wort! – Veränderung bedeuten.

Betriebswirtschaftliches Kalkül statt Quote

Dass Frauen die gleichen Zugangschancen zu allen Berufen und Karrieren haben sollen, ist etwas grundsätzlich anderes als eine Frauenquote. Auf diesem halben Weg, dieser halben Wahrheit hat sich ein neues Establishment bequem niedergelassen. Es dient nicht dem Unterschied und damit nicht der Gerechtigkeit. Es diskriminiert unaufhörlich weiter, indem es im Namen der Quote immer wieder behauptet, das Entscheidende im Leben sei, Mann oder Frau, schwarz oder weiß zu sein. Es ist an der Zeit, dass in der Frauenfrage betriebswirtschaftlicher, gesunder Menschenverstand an die Stelle von Phantom- und Wirtshausdebatten tritt. Eine Frauenquote hilft weder der Arbeitswelt noch der Lebenswirklichkeit und wird den qualifizierten Frauen überhaupt nicht gerecht.

Multikulturelle Unternehmen

Zu viele Unterschiede stören die Ordnung. Das traut sich heute natürlich niemand laut aussprechen, aber gedacht wird es schon. Die demografische Entwicklung lässt uns keine Wahl, uns an Unterschied und Vielfalt zu gewöhnen, denn in unseren Unternehmen werden in Zukunft vermehrt unterschiedliche Kulturen zusammen arbeiten und unsere gewohnte Ordnung stören, ob uns das gefällt oder nicht. Dass diese Entwicklung nicht mehr wegzudiskutieren ist, zeigt nicht nur das Zahlenmaterial, das den demografischen Wandel unmissverständlich und eindringlich belegt, sondern auch, dass es bereits ein Wort für diese Sache gibt: Diversity Management. Was für die Ordnungsanhänger wie eine Bedrohung klingt, ist nichts anderes als das Management von Vielfalt, das dafür sorgen soll, die sozialen und kulturellen Unterschiede von Menschen so gut wie möglich zu nutzen – nicht nur, mit ihnen umzugehen.

Mit dem Management von Unterschieden ist es wie mit allen anderen Phantomdebatten. Wenn man etwas nicht wirklich ernst nimmt, redet man viel darüber, ohne etwas zu sagen geschweige denn, wirklich aktiv zu werden. Außer dort, wo es unbedingt sein muss, weil beispielsweise Antidiskriminierungsgesetze oder vor allem die aus den USA nach Europa transportierten Codes of Conduct über ethische Unternehmensführung zur Vorschrift werden und ohne die mit vielen Ländern heutzutage kein Geschäft mehr zu machen ist. Offiziell ist es in modernen Unternehmen mit einem Vielfaltsmanager natürlich so, dass man praktisch nichts lieber tut, als Gewohnheiten, Hierarchien, Privilegien und simple, alte Denkmodelle zu hinterfragen und auf den Kopf zu stellen. „Wir sind ja nicht von gestern", heißt es da und furchtlos werden Teams multikulturell besetzt. Plötzlich ist da ein Kollege aus der Türkei mittendrin, der kein Schweinefleisch mag, aber unsere Sprache super beherrscht, weil er hier zur Welt gekommen ist. Der neue Leiter der IT-Abteilung ist Inder, besser ausgebildet als jeder andere in seiner neuen Abteilung, hat auch schon eine ganze Weile in Deutschland gelebt und gearbeitet, weiß sich hierzulande also ganz gut zu bewegen.

Hintenherum schaut die Sache nämlich anders aus, da werden Anpassungsleistungen an die Mitarbeiter aus anderen Kulturen und an die Organisation gefordert: „Was soll das, wenn der nicht ordentlich unsere Sprache spricht?" „Ich habe kein Problem, solange sie sich im Unternehmen anpassen ..."

Der Bruch mit alten Unternehmenskulturen ist einer der schwierigsten Prozesse überhaupt. Ein neues Produkt, ein neuer Markt – das geht alles. Aber fremde Werte und Vielfalt zu berücksichtigen, schafft immer noch große Irritationen. „Woher kommt der neue Vertreter? Aus Deutschland. Hm, das geht noch, da muss man sich als Österreicher sprachlich nur wenig umstellen." Aber berichten Sie einmal Ihrem

Team, dass der neue Vertreter aus Ghana kommt. Und nur wenig Deutsch, dafür fließend unsere eigentliche Konzernsprache – Englisch – spricht. „Brauchen wir da etwa einen englischen Dienstvertrag?" – Stellen Sie sich schon mal ein auf die Frage aus Ihrer HR-Abteilung.

Verständnis dafür, dass sich auch die Organisation von Unternehmen ändern muss, wenn man Unterschiede sinnvoll und gewinnbringend nutzen will, ist selten – wie auch die amerikanischen Diversity-Forscher Robin Ely und David Thomas immer wieder feststellen. Es gehe, so schreiben sie, „letztlich vor allem um Anpassung an die Organisation".

Das ist definitiv der falsche Ansatz. Er schmälert das persönliche Können, Vermögen und Wissen jeder und jedes Einzelnen. Nicht der fachliche Unterschied spielt eine Rolle, sondern der persönliche, die Zugehörigkeit zu einer Volksgruppe, zu einem Geschlecht, einer Rasse, einer Religion. Die Diversity-Forscherin und Professorin für Betriebswirtschaftslehre Katrin Hansen aus Gelsenkirchen hat in einem Beitrag für die Heinrich-Böll-Stiftung zum Thema „Managing Diversity" das Dilemma präzise formuliert: „Der Wert diverser Mitarbeitender für das Unternehmen liegt hier in erster Linie in ihrer Zugehörigkeit zu einer sozialen Gruppe, die damit nach wie vor dominantes Merkmal bleibt. Mitarbeitende aus Minoritäten sind nicht wirklich akzeptiert, sondern werden in diesem Ansatz lediglich funktionalisiert." Der Begriff Unternehmen lässt sich beliebig durch andere Organisationen oder politische Bewegungen ersetzen. Das Dumme ist nur, dass die, die funktionalisiert und manipuliert werden sollen, das merken. Denn sie sind die begehrten Experten, schlauen Leute, Humankapital, um das man sich auf den Arbeitsmärkten balgt. Diese Leute sollen sehr schlau sein, wenn sie ihren Job erledigen, aber dann wieder dumm genug, um nicht zu merken, dass man sie an der Nase herumführt. Das geht leider nicht. Wer etwas kann, hat keine Lust darauf, die Quotenfrau oder den Quotentürken oder den Quotenschwarzen zu geben. Der bis Ende 2016 amtierende Präsident der USA war nicht etwa deshalb Präsident, weil er schwarz ist, sondern weil er Barack Obama ist und weil er das kann, was er kann. Die wichtigste und ehrlichste Frage in jeder Organisation muss sein: Wer hat die Kompetenz? Wer bringt uns voran? Und das heißt genau hinzusehen: Wo fangen wir an, in Stereotypen zu verfallen? Wo suchen wir nach unseren Arbeitskräften? Wo denken wir zuerst an die Herausforderungen an die Organisation, wenn wir einen Spezialisten aus Indien einstellen?

Unternehmenskultur ist schließlich nichts anderes als das, wie sich die Menschen im Unternehmen verhalten, und hat nichts damit zu tun, aus welchem Land die Führungskräfte und Mitarbeiter kommen. Unternehmen, die keine offene Kultur für Vielfalt und Veränderung entwickeln, werden es in den nächsten Jahren schwer haben. Gute Leute werden nicht mehr für ein solches Unternehmen arbeiten wollen und das wird sich zwangsläufig auf den Unternehmenserfolg auswirken, keine Frage. Eine funktionierende, multikulturelle Unternehmenskultur lässt sich nicht beim Unternehmensberater um die Ecke bestellen. Dabei gilt es in erster Linie, einmal zu verstehen, dass man nicht nur darüber reden muss, Unterschiede als Erfolgsfaktor zu managen, sondern auch, dass ohne diese Fähigkeit die Märkte nicht mehr erfolgreich erreicht werden und die besten Leute nicht mehr bei der Stange bleiben. Chancengleichheit und Gerechtigkeit sind ein erster Schritt, denn sie holt das Beste aus den Leuten heraus. Das ist, vorsichtig gesagt, ein ziemlicher Unterschied zu dem, was wir bisher als richtig erkannten. Nicht biegen, nicht beugen, nicht anpassen und nicht abzählen, ob die Quote stimmt. Sondern Wirtschaft der Vielfalt.

Digitale Gesellschaft

Es soll Menschen geben, die erinnern sich noch daran, dass es beim Festnetztelefon im Elternhaus einen Viertelanschluss gab. Bevor man telefonieren konnte, musste man auf den Knopf links unten am Telefon drücken, um zu sehen, ob nicht einer der anderen drei Teilnehmer grade am Telefonieren war und man warten musste, bis die Leitung frei war. So lange ist das noch nicht her und kaum jemand hätte sich vorstellen können, dass es nicht einmal zwanzig Jahre später im eigenen Haushalt nicht einmal mehr ein Festnetztelefon geben würde, da alle Familienmitglieder mobil telefonieren. Über Digitalisierung muss nichts mehr geschrieben werden. Sie ist allgegenwärtig, wir alle kommen nicht an ihr vorbei. Gerade die 2016 im deutschen Sprachraum begonnene Diskussion rund um Industrie 4.0 lässt unseren digitalen Visionen freien Lauf. Aber was bedeutet das für die Zukunft der Arbeit? Kommen alle Generationen gleich gut mit den damit verbundenen Herausforderungen zurecht? Mehr als zwei Milliarden Menschen verfügen heute über einen Internetzugang und weit mehr als doppelt so viele können durch Mobiltelefone miteinander in Kontakt treten. Mehr als die Hälfte aller heute lebenden Menschen sind beinahe ununterbrochen über irgendeine digitale Verbindung weltweit erreichbar. Es gibt heute tatsächlich zwei verschiedene Daseinsformen: Den Online- und den Offline-Zustand. Den einen oder den anderen einfach nur zu beklagen, bringt wenig und hilft niemandem, denn jeder der beiden bietet ganz unterschiedliche Möglichkeiten des Denkens und des Handelns. Wir müssen – im privaten wie im beruflichen Umfeld gleichermaßen – vielmehr lernen zu fragen und zu unterscheiden, für welche Aspekte einer Aufgabe und des Lebens der eine oder der andere besser geeignet ist, und Mittel und Wege finden, beide möglichst effizient in unseren persönlichen Lebensstil einzubinden. Der größte Vorteil des Online-Daseins ist schnell aufgezählt. Wenn wir an das Schwarmdenken der Welt angeschlossen sind, steht uns in Sekundenbruchteilen vieles offen: Wir haben Zugang zu einem großen Teil des Menschheitswissens, freilich auch zu Klatsch und Tratsch und durch ein paar Klicks können wir mit Tausenden anderen Menschen in Kontakt treten, recherchieren, ja ganze Bücher und Enzyklopädien herunterladen und mit ihnen arbeiten.

Außerhalb der Online-Welt kommen unsere ureigenen Fähigkeiten auf ganz andere und wesentlich ältere Weise ins Spiel. Unsere Fähigkeiten, zu delegieren, Entscheidungen zu treffen, aus eigenem Antrieb heraus zu handeln und zu denken, zu denken ohne die Angst einer Verurteilung und ohne dabei ständig ein Publikum zu haben. Das Bestreben, sich selbst zu schützen, ist kaum trennbar von der Entscheidung online oder offline. Wir halten es für wichtig, zwischen Online- und Offline-Zeit als zwei völlig verschiedene Ressourcen in unserem Leben zu unterscheiden. Es ist auf vielen Ebenen notwendig, lebensnotwendig sogar, diese beiden Zeitarten für zwei verschiedene Daseinsformen zu etablieren. Nicht nur in dem Sinne, dass man sich aus dem Internet und Medienangebot ausklinkt, sondern als Unterscheidung zweier ganz unterschiedlicher Maximen: ein technologisches System bestmöglich zu nutzen und das Leben selbst bestmöglich zu leben.

Nicht Mensch oder Computer – es geht um Mensch und Computer

Der Trendforscher und Digitalberater May Celko warnt davor, dass „digitale Echokammern" unsere Gesellschaft noch weiter entsolidarisieren könnten: Unsere Suchresultate bei Google beruhen auf unseren früheren Suchanfragen und unserem geografischen Standort; unsere Timeline bei Facebook ist primär gefüllt mit den Posts der Menschen, mit denen wir regelmäßig interagieren. Die Gefahr, die droht: Bereits bestehende Meinungen und Interessen werden verstärkt, die Gesellschaft spaltet sich in homogene Nischengruppen. Die Digitalisierung verändert nicht nur Produktion, Produkte und Vertrieb, sondern auch Märkte. Der Begriff Industrie 4.0 war als industriepolitischer Weckruf gedacht. Wir dürfen die Digitalisierung der Fertigung nicht verschlafen, hieß es vor einigen Jahren und der Weckruf stieß auf wache Ohren (die Furcht vor etwas kann ja bekanntlich sehr produktive Wirkung haben). Auf den digitalen Märkten dominieren Plattformen. Sie fungieren als Vermittler zwischen Anbieter und Kunden. Die Plattformbetreiber definieren die technischen Standards, mit denen beispielsweise eBooks, Smartphone-Apps oder Musik angeboten und bereitgestellt werden können. Plattformen verfügen über viele Kundendaten, bequeme Zahlungssysteme und wirksames Marketing. Damit ermöglichen sie vielen kleinen Anbietern überhaupt erst, ihr Geschäft in größerem Stil zu betreiben. Je größer eine Plattform, desto mehr Nutzer und Anbieter zieht sie an und das macht sie natürlich noch attraktiver. Apple, Google, Amazon, Facebook und E-Bay machen vor, wie man auf Kosten der Anbieter entsprechende Profite erwirtschaftet und so diese Marktmacht nutzt. Nun hat auch das Rennen um die Plattformen der automatisierten Produktion und der smarten Dienstleistungen begonnen. Accenture-Chef Frank Riemensperger trifft in einem Artikel von Thomas Ramge für das Magazin brandeins (7/2015) eine Vorhersage: „Es wird bei den Industrie-Plattformen keine weltweiten Oligopole geben, sondern Plattformvielfalt und Vielfalt bei den Betreibern." Bevor uns allerdings die Digitalisierung endgültig die Arbeit abnimmt, gibt es noch einiges zu tun. Wir müssen diese Maschinen zunächst einmal erschaffen, indem wir die Präzision des Maschinenbaus mit der Logik der Informationstechnologie verknüpfen. Spezialisten, die das können, sind heute schon rar und teuer und deshalb werden ausschließlich jene Volkswirtschaften die Nase vorn haben, deren Bildungssysteme junge Menschen hervorbringen, die Atome und Bits miteinander verbinden können. Die neue industrielle Ära ist also weniger ein technisches Problem als eines der menschlichen Veränderungsfähigkeit.

Und noch einmal: Der Kampf um die Besten

Wer nach Top-Nachwuchskräften sucht, findet diese nicht mehr nach dem herkömmlichen Schema. Die Anforderungen der Unternehmen an ihre künftigen Führungskräfte wandeln sich genau so stark, wie sich die Anforderungen der künftigen Arbeitnehmer an „ihr" Unternehmen verändert haben. Mitarbeiter werden ihre Aufgaben künftig stärker selbst definieren können - also keine bloßen Arbeitnehmer mehr sein. Die besten Absolventen einfangen, ans Unternehmen binden und gezielt an die Spitze befördern – das war viele Jahre lang die Aufgabe der Personalentwicklung im Konzern und ist es in den meisten Unternehmen noch heute. Aber inzwischen weiß kaum noch jemand, wer wirklich die Besten sind, und vor allem, wo man sie findet. Viele Unternehmen definieren ihre Kandidatenprofile überaus eng und neigen in wirtschaftlich schwierigen Zeiten, in denen weniger Mitarbeiter mehr leisten müssen, zu kaum erfüllbaren Qualifikationsanforderungen an die Kandidaten. Wer in wirtschaftlich schwierigen Zeiten viele entlässt, darf sich nicht wundern, wenn er im Aufschwung alleine dasteht. „Darwinopportunismus" nennt der BWL-Professor Christian Scholz von der Universität des Saarlands in Saarbrücken das neue System, in dem sich nur noch die stärksten Spieler in ihrem Team halten. Und opportunistische Angestellte, die jede Chance nutzen, um den eigenen Vorteil nutzen zu können, ohne Rücksicht auf das Unternehmen. Deshalb verteilt Scholz in seinen Vorlesungen schon mal Noten nach dem K.-o.-System, um die Studenten auf die Unternehmenswirklichkeit vorzubereiten: „Das finden nicht alle lustig." Sie hören anfangs auch nicht gern, dass die Berufung zur Führungskraft künftig keine dauerhafte Bindung mehr ist, sondern eine zeitlich begrenzte Verpflichtung bedeuten kann.

Mehr Realitätssinn auf beiden Seiten wäre ein guter Anfang, denn nicht jeder Hochschulabsolvent ist eine Führungskraft, und Arbeitnehmer können in Zeiten der starken Veränderungen infolge des globalen Wettbewerbs nicht mehr ernsthaft von einer dauerhaften Anstellung in einem Beruf oder Unternehmen ausgehen. Genauso wenig können Unternehmen ihren Mitarbeitern versprechen, dass bei einer Anstellung von einem lebenslänglichen Verhältnis auszugehen ist. Gleichzeitig ist es selbstverständlich, dass Mitarbeiter auf ihre Eigenentwicklung bedacht sind.

In Summe geht es also darum, diese beiden Entwicklungen und die gegenseitigen Erwartungen nicht auseinanderlaufen zu lassen. Das gelingt am besten, indem man aufeinander achtet. Nur wenn es Unternehmen gelingt, die persönlichen Bedürfnisse der Nachwuchskräfte mit den Unternehmensinteressen in Einklang zu bringen, können wir sie an uns binden. Der Nachwuchs hat das Spiel längst begriffen und die Ansprüche an die Unternehmen und die Führungskräfte darin steigen. Es sind Leute wie Greta Osterley, die den Personalverantwortlichen Kopfzerbrechen bereiten. Die 37-Jährige studierte Betriebswirtschaftslehre für KFZ-Berufe und ist heute Assistentin der Chefredakteurin eines internationalen Modemagazins. Eine völlig ausbildungsfremde Aufgabe mit wesentlich weniger Gehalt. „Mein früherer Arbeitgeber hat sehr viel in meine Ausbildung investiert", sagt sie, „aber es geht mir weniger ums Materielle, sondern um den Wohlfühlfaktor bei dem, was ich tue, und darum, dass meine Interessen gefördert werden, ich einen echten Beitrag für ein Produkt leisten kann – und das kann ich hier beim Magazin." Leute wie Greta

Osterley akzeptieren keine Gammelstationen während der Praktikanten-Zeit. Aber sie bauen auch nicht zwanghaft auf lebenslange Beschäftigung im ausbildenden Unternehmen. Mitarbeiter-Bindung kann nur durch größere Freiheit entstehen, nicht durch Druck.

Skill Management

Lassen Sie Ihren Nachwuchs doch einfach selbst entscheiden, wie er sich weiterbilden will. In Unternehmen etablieren sich auf diese Weise zunehmend hauseigene „Skill-Management-Systeme", in denen jeder Einzelne auf seine Fähigkeiten abgestimmte Fortbildungsangebote finden und zudem recherchieren kann, wo er mit seinem Wissen im Unternehmen weiterkommt. Karrieren laufen immer weniger über die Vorgesetzten, die Mitarbeiter organisieren das selbst. So hält sich ein Unternehmen fit und flexibel – und den Nachwuchs auch. Wer seine Weiterbildung und Entwicklung beeinflussen kann, entgeht dem Schicksal des Corporate Man, der nur in einer bestimmten Abteilung in einer bestimmten Firma funktioniert, gleichzeitig entgeht ein Unternehmen so dem Qualitätsverlust, der durch Job Hopping und sinkende Loyalität der Mitarbeiter entsteht. Die OMV beispielsweise als globaler und weitverzweigter Konzern kann viel in gute Nachwuchsausbildung investieren. Das Unternehmen ist ein begehrter Arbeitgeber mit vielen interessanten Jobs und die Gefahr, von opportunistischen Karrieristen verlassen zu werden, ist vergleichsweise gering. Wer bei der OMV nach Herausforderungen sucht, hat wenige Gründe zu hopsen, denn er findet sie innerhalb des Unternehmens.

Rein firmeneigenen Akademien begegnen wir skeptisch, denn sie sind zu unternehmensgebunden und das kann risikoreich sein, weil die Flexibilität des Einzelnen darunter leidet. Die Generation, die nun in den Arbeitsmarkt drängt, weiß, was sie kann und was sie will. Nicht nur, was man wollen muss, um etwas zu werden. Das unterscheidet sie ganz wesentlich von früheren Generationen und macht sie zu einer besonderen Herausforderung für Unternehmen. Nur wer sich unabhängig hält, kann einem Unternehmen auf Augenhöhe begegnen – das ist den jungen Mitarbeitern bewusst: Nicht hoffen, handeln. Realistisch sein. Begreifen, dass jede noch so qualifizierte Arbeitskraft letztlich nur eine Funktion erfüllt und dass Funktionäre abgesägt werden können. Nicht darauf hoffen, dass einem der Kapitän einen Rettungsring zuwirft, wenn das Schiff untergeht. Akzeptieren, dass man nicht in fünf Jahren Chef wird. Oder dass man vielleicht nur fünf Jahre Chef bleibt. Netze spannen und wirklich gehen, wenn die Firma nur fordert, aber nicht fördert. Erkennen, dass man auch ohne Aufstieg Erfolg haben kann. Und dass interessante Projekte mehr Sinn und Freude bringen, als auf einem halbwegs prestigeträchtigen Posten den Kasperl zu machen. Realisieren, dass Akademiker lediglich Stellen haben, die vor Jahren noch weiterqualifizierte Facharbeiter einnahmen und dass sie das nicht schlechter macht. Weder die einen noch die anderen. Und dass ein Pensionsanspruch schön, aber nicht der Sinn des Lebens ist. So gedacht, beginnt die Karriere nicht in einer Firma, sondern im eigenen Kopf – mit dem eigenen Denken.

Jedes Unternehmen hat die Führungskräfte, die es verdient

Die Besetzung von Führungspositionen hat in jedem Unternehmen große Symbolkraft. Nichts ist fataler als Willkür, denn wo Willkür herrscht, hat Leistung keinen Wert. Das ist die Gefahr der Hierarchie: dass sie Verlierer erzeugt, die durch den Aufstieg der anderen demotiviert werden. Beförderungen müssen unbedingt entlang nachvollziehbarer Kriterien erfolgen, denn wenn Mitarbeiter die Verfahren als gerecht empfinden, erhöht das die Loyalität zum Unternehmen und letzten Endes natürlich auch die Leistungsbereitschaft. Oft schauen die für die Personalauswahl Verantwortlichen aber gar nicht genau genug hin, sondern entscheiden nach Bauchgefühl, was zum einen Blendern Tür und Tor öffnet und zum anderen Demotivation durch Intransparenz schafft. Alle bisher diskutierten Entwicklungen deuten darauf hin, dass es zu einer völligen Umgestaltung unserer Lebensarbeitseinkommen kommen wird. Hier sind unsere alten Kollektivvertragssysteme heillos überholt, denn unsere Volkswirtschaft wird es sich nicht mehr leisten können, dass junge Mitarbeiter wenig verdienen und ein hohes Einkommen erst ab 40+ möglich ist. Zum einen können wir es uns schlicht und einfach aus Sicht der Personalkosten nicht leisten, zum anderen widerspricht sich ein Unternehmen selbst, das auf der einen Seite im Kampf um die Besten antritt, diese aber nicht ihrer Leistung entsprechend bezahlen will. Wir brauchen leistungsbezogene Entlohnungssysteme, die ein attraktives Grundeinkommen und klarer Leistungskomponenten miteinander verbinden. Wir brauchen auf das jeweilige Unternehmen zugeschnittene Konzepte, denn unsere Kollektivverträge decken längst die Wirklichkeit nicht mehr ab.

Work-Life-Balance

Zusammenarbeit der Generationen

Fünfzig ist das neue Dreißig. Weil diese Aussicht für die meisten von uns äußerst attraktiv ist, nehmen wir das gerne als Tatsache hin. Zwanzig gewonnene Jahre – und das ohne gesundheitliche Einschränkungen. Nun, nicht ganz. Die Anzahl der Jahre, in der die Menschen ohne gesundheitliche Einschränkungen leben, bleibt nicht nur anteilsmäßig gleich, sondern sie steigt noch schneller an als die Lebenserwartung. Die Jahre, vor denen wir uns fürchten, verschwinden also nicht, leider, aber sie werden kürzer, obwohl wir länger leben. Dies liegt nicht daran, dass die typischen Alterskrankheiten später auftreten, denn die Biologie des Menschen ändert sich nur langsam. Die behindernden Auswirkungen dieser typischen Alterskrankheiten kommen lediglich später zum Tragen, denn die moderne Medizin und die moderne Technik machen uns das Leben mit diesen Krankheiten sehr viel leichter.

Das trifft sich gut, denn kaum jemand zweifelt heute mehr daran, dass sich unsere Lebensarbeitszeit deutlich verlängern wird. Deshalb ist es auch so wichtig, dass eine älter werdende Belegschaft durch vermehrte Aus- und Weiterbildungsanstrengungen neue Techniken erlernen und flexibel bleiben kann. Auch hier können die skandinavischen Länder als Vorbild dienen, in denen Menschen über 40 weit mehr weitergebildet werden als vergleichsweise hierzulande. Es ist eigentlich spannend, denn eine Verbesserung der Weiterbildung und lebenslanges Lernen sind beide politisch unkontroverse Themen und volkswirtschaftlich betrachtet ein Muss und trotzdem tut sich nichts, weil Arbeitgeber, Arbeitnehmer und der Staat sich um die Finanzierung streiten. Dass die Sache ernst ist, zeigt uns wiederum die Tatsache, dass es schon seit Längerem ein Wort dafür gibt: Generationenmanagement. Dabei geht es um das Zusammenwirken der Generationen „Baby Boomer", „Generation X" sowie der „Generation Y" und der „Generation Z" im unternehmerischen Alltag. Werfen wir doch einmal einen Blick darauf, wie viele Generationen und wie viele unterschiedliche Grundsätze sich in unseren Unternehmen heute tummeln:

Baby Boomer (1946–1964) Wir leben, um zu arbeiten.
Generation X (1965–1979) Wir arbeiten, um zu leben.
Generation Y (1980–1995) Erst das Leben, dann die Arbeit.
Generation Z (1995–) Arbeiten ist ein Teil des Lebens, nicht mehr, aber auch nicht weniger.

Vor dem Hintergrund der demografischen Entwicklung brauchen wir jede Generation im Unternehmen. Die eine spielt ihre Erfahrung aus, die andere bringt Kreativität und Unbekümmertheit ein, die eine lotet Grenzen über das Machbare hinweg aus, die andere fokussiert sich auf den maximalen Grad der Machbarkeit – nur in diesem Miteinander können Unternehmen innovativ und erfolgreich bleiben.

Erfolgreicher Wissenstransfer = Erfolgreiches Unternehmen

Der langfristige Erfolg eines Unternehmens hängt in höchstem Maße von der Erhaltung des Wissens erfahrener Mitarbeiter ab. Doch was geschieht, wenn das wertvolle Wissen nicht an die nachfolgende Generation weitergegeben wird? In diesen Fällen sind häufig die wirtschaftlichen Schäden nur schwer abzuschätzen. Generationenmanagement kann hier helfen. Wenn Generationenmanagement rechtzeitig und nachhaltig angewendet wird, sichert die effektive Zusammenarbeit zwischen Alt und Jung nicht nur den Wissenstransfer, sondern ermöglicht das Erschließen von Potenzialen.

Productive Ageing

Immer mehr 60–70-Jährige werden künftig in unseren Unternehmen beschäftigt sein. Jedes Unternehmen muss sich darauf einstellen und auch das Generationenmanagement ist nichts, das man beim Unternehmensberater oder Coach ums Eck bestellen kann. Ein Unternehmen braucht keinen extra Etat für ein gesundes Generationenmanagement, Gespür und Augenmaß reichen vollkommen aus, Prozesse, Abläufe, Personalkosten, Arbeitsgeschwindigkeit und Arbeitsplatzausstattung feinzutunen. Der Großteil der Belegschaft unserer Unternehmen wird in naher Zukunft 45–50+ sein. Aus heutiger Sicht sind die Leistungsträger eines Unternehmens (das heißt, Erfahrung, Wissen, Umsetzung und Können befinden sich in einem optimalen Verhältnis) zwischen 35 und 45 Jahre alt. Für den Vorgesetzten, der das einmal verstanden hat, ist es nicht schwer, Leistung, Disziplin, Motivation, Spaß an der Arbeit und Umsetzungskraft aufrechtzuerhalten. Die Antworten nach den bestmöglichen Maßnahmen werden in jedem Unternehmen anders ausfallen.

Eine Studie der Unternehmensberatung Capgemini kam bereits im Jahr 2007 zu dem Ergebnis, dass fast 50 Prozent der deutschen Unternehmen Konflikte aus der Konstellation junger Vorgesetzter – älterer Mitarbeiter erwartet. Solche Konflikte können dazu führen, dass die älteren Mitarbeiter wertvolles Erfahrungswissen nicht an die Jüngeren weitergeben. Mögliche Folge kann dabei im Extremfall ein wirtschaftlicher Schaden für das Unternehmen sein. Dabei ist es gar nicht so schwer für junge Vorgesetzte, ältere Mitarbeiter erfolgreich und effizient zu führen. Wertschätzung ist ein guter Ausgangspunkt. Ein junger Vorgesetzter, der offen auf das Wissen seines erfahrenen Teammitglieds baut, für alle merkbar darauf zurückgreift und es in die Entscheidungsfindung mit einfließen lässt, kann sich der Loyalität eines derart wertgeschätzten und anerkannten Mitarbeiters sicher sein. Unterschiedliche Lebensphasen führen zu unterschiedlichen Bedürfnissen. Diese Interessen älterer Mitarbeiter sollen sinnvollerweise berücksichtigt werden. Schmunzeln Sie nicht, wenn sich Ihr Mitarbeiter jeden Donnerstag um 17.15 Uhr zur 50+-Yogastunde verabschiedet, sondern goutieren Sie, dass er auf sich und seine Gesundheit achtet.

Fähigkeiten und Talente offenbaren sich nicht immer bereits in jungen Jahren sondern entfalten sich erst mit dem Älterwerden und individueller Entwicklung. Befassen Sie sich mit den Stärken und individuellen Fertigkeiten Ihrer Mitarbeiter und setzen Sie auf intensive Kommunikation, in der nicht der (Alters-)Unterschied, sondern die Stärke hervorgehoben werden soll, die diese Vielfalt an Können und an Wissen birgt.

Macht.Arbeit.Krank?

Defizite im Arbeitsumfeld durch schlechte Führung wirken sich nicht nur negativ auf die Wettbewerbsfähigkeit von Unternehmen aus, sondern auch auf die Mitarbeiter selbst. Die Frage der Gallup-Studie für das Jahr 2014 „Hatten Sie in den letzten 30 Tagen das Gefühl, auf Grund von Arbeitsstress innerlich ausgebrannt zu sein?" bejahten 58 Prozent der emotional ungebundenen Mitarbeiter, aber nur 29 Prozent der Mitarbeiter mit hoher emotionaler Bindung. Ganze 86 Prozent jener mit hoher emotionaler Bindung haben zudem innerhalb der letzten Woche Spaß bei der Arbeit gehabt, bei den inneren Kündigern sind es lediglich 10 Prozent. Die überwiegend negativen Gefühle wirken sich auch auf das soziale Umfeld aus: 42 Prozent der emotional ungebundenen Mitarbeiter – aber nur 13 Prozent der emotional hoch gebundenen – haben in den letzten 30 Tagen drei oder mehrere Tage gehabt, an denen sie sich aufgrund von Arbeitsstress schlecht gegenüber ihrer Familie oder ihren Freunden verhalten haben.

Die Zahlen sind erschreckend, denn Unternehmen sollten ein großes Interesse daran haben, dass ihre Mitarbeiter langfristig gesund und damit leistungsfähig sind. Positiv stimmt an der Gallup-Studie, dass ein Viertel der Arbeitnehmer voll und ganz der Meinung ist, dass ihr Arbeitgeber sich für ihr allgemeines Wohlergehen interessiert. Mehr als die Hälfte aller befragten Unternehmen, nämlich 57 Prozent, bietet zum Beispiel Programme zur Gesundheitsförderung an. Lediglich 40 Prozent der Beschäftigten nutzen dieses Angebot jedoch. Das zeigt sehr deutlich, dass die vielbeschworene Work-Life-Balance keine Einbahnstraße ist, sondern beide Seiten – Arbeitgeber und Arbeitnehmer – dafür verantwortlich sind.

Wir sehen Führungskräfte hier in einer Art Vorbildfunktion. Erst wenn die Führungskräfte entweder die vom Unternehmen angebotenen Programme selber nutzen oder ihren Ausgleich und ihre Lebensqualität außerhalb des Unternehmens und den angebotenen Programmen suchen, regt dies auch die Mitarbeiter an. Entweder dazu, die Programme selbst zu nutzen, oder es dem Chef gleichzutun und in die Fitness zu investieren.

Balanced work life

Es ist ein schmaler Grat, einen gesunden Ausgleich zum Arbeitsleben zu suchen, und zwar außerhalb desselben. Denn der Weg zu sinnfreier Ablenkung vorm Wesentlichen und vor allem Unangenehmen ist ein sehr schmaler. Warum sonst beschäftigt sich der CEO eines namhaften mittelständischen Unternehmens mit der Auswahl seiner Besprechungskekse statt mit der Rettung seiner Firma vor dem drohenden Konkurs?

Arbeit macht krank. Das ist die Botschaft, das ist der Trend, der durch Krankenkassen-Statistiken, Tageszeitungen, Magazine und Online-Foren flattert. Zum Trend kann nur werden, was auf der Grundlage eines festen Wertesystems wächst. Das Burnout-Syndrom verbreitet sich deshalb so epidemisch, weil es so gut zu unserer Kultur, zu unseren Werten passt: Macht. Arbeit. Leistung. Fleiß. Disziplin. Burnout ist kompatibel zu dem, was uns heilig ist.

Ein Land der Ausgebrannten

Das Ausbrennen durch Arbeit ist sozial akzeptiert. Depressionen oder eine andere psychische Erkrankung dagegen gelten als Stigma. Wer sich zu Tode rackert oder auch nur so tut und sich der Gesellschaft im Zustand völliger Auflösung und Erschöpfung präsentieren kann, hat sein Bestes und somit alles gegeben – und damit ist Ausgebrannt-Sein eine Auszeichnung. Burnout wird zur Ehrensache.

Das WHO-Diagnoseklassifizierungssystem zählt „Ausgebrannt sein" zur Klasse der Probleme mit Bezug auf Schwierigkeiten bei der Lebensbewältigung. Soll heißen: Burnout ist keine Krankheit, sondern eine Befindlichkeitsstörung, die sozusagen zur Beinahe-Selbstverbrennung führt. Burnout ist also keine Krankheit, sondern ein Syndrom. Das bedeutet in seinem griechischen Ursprung so viel wie Zusammenspiel. Und beim Burnout-Syndrom spielt einiges zusammen: Ein überholter Arbeitsbegriff, ein veralteter Leistungsbegriff, falsche Ideale, Konventionen und vielleicht am wichtigsten: ein falsches Bild von sich selbst. Stimmt es dann wenigstens, dass der Druck noch nie so groß war wie heute? Nun ja. Mitte des 19. Jahrhunderts betrug die Durchschnittsarbeitszeit in Deutschland 82 Stunden, sank um 1900 auf 60 Stunden, ein halbes Jahrhundert später war man bei 48 Stunden und seit den 1990er-Jahren bei 35 oder 38,5 Wochenstunden. Verglichen mit unseren Standards ist die Wochenarbeitszeit auch in den USA deutlich höher. Laut einer Studie der OECD arbeitet der Deutsche im Durchschnitt 1.419, der Schweizer 1.640 und der Österreicher 1.587 Stunden im Jahr. Der

Amerikaner kommt auf 1.778 Stunden. Das erste Berufsjahr ist in den USA fast immer ohne Urlaubsanspruch, danach gibt es selten mehr als zwei Wochen Urlaub. Wer mehr als 20 Jahre bei einer Firma fest angestellt ist, kann es günstigstenfalls auf vier Wochen bezahlten Urlaub bringen – ein erheblicher Abstand zu den hier erreichbaren sechs Wochen. Von den in Vollzeit beschäftigten US-Amerikanern haben rund 15 Prozent keinerlei Anspruch auf bezahlten Urlaub, bei den Teilzeitbeschäftigten sind 65 Prozent ohne Anspruch. Unbezahlter Urlaub kann in den meisten Betrieben allerdings individuell ausgehandelt werden. Alles ist stressiger geworden – die Behauptung ist angesichts dieser Zahlen kaum zu halten. Man könnte einwenden, dass es früher in Fabriken, Bergwerken oder Gutshöfen nicht viel gemütlicher war als heute in klimatisierten Hightech-Büros.

Burnout ist sozial akzeptiert (oder: Ich habe alles gegeben!)

Woher kommt jetzt also der Druck, der uns letztendlich ausbrennen lässt und krank macht? Eine Faustregel könnte so lauten: Wer mehr als die Hälfte seiner Zeit mit Dingen beschäftigt ist, die er nicht gerne tut, wo er nicht mit dem Herzen bei der Sache ist oder woran er keine Freude hat, der wird früher oder später ausbrennen. Unsere heutige Zeit ist nicht nur von Hektik, Schnelllebigkeit und Leistungsanspruch geprägt, sondern auch von Beziehungslosigkeit und Unverbindlichkeit. Unser Ausbrennen könnte man als Rechnung für ein verfremdetes, von der existenziellen Wirklichkeit abgehobenes Leben sehen. Ein Leben ohne Fülle.

Burnout wird als psychische Problematik verstanden, die in Zusammenhang mit der Arbeit entsteht. Erstmals beschrieb Freudenberger 1974 bei Menschen, die ehrenamtlich in Hilfsorganisationen arbeiteten und mehrere Monate sehr begeistert waren und mit ganz viel Engagement bei dieser Arbeit waren, Symptome von Erschöpfung, Zynismus und Reizbarkeit. Im Vergleich zu ihrer ersten „lodernden Begeisterung" nannte er sie nun „abgebrannt". Es gibt unzählige Quellen, wie die Entwicklung und Entstehung eines Burnouts eingeteilt werden kann. Freudenberger (1992) bietet eine gute Orientierungshilfe:

Stadium 1: Der Zwang, sich zu beweisen
Stadium 2: Verstärkter Einsatz
Stadium 3: Subtile Vernachlässigung eigener Bedürfnisse
Stadium 4: Verdrängung von Konflikten und Bedürfnissen
Stadium 5: Umdeutung von Werten
Stadium 6: Verstärkte Verleugnung von aufgetretenen
    Problemen
Stadium 7: Rückzug
Stadium 8: Beobachtbare Verhaltensänderungen
Stadium 9: Verlust des Gefühls für die eigene Persönlichkeit
Stadium 10: Innere Leere
Stadium 11: Depression
Stadium 12: Völlige Erschöpfung, Burnout

Burnout ist ein anhaltender Erschöpfungszustand. Die Erschöpfung ist das Leitsymptom, das sich durch die Erkrankung durchzieht und die anderen Symptome begleitet. Zuerst betrifft die Erschöpfung das Befinden, dann das Erleben, später beeinflusst sie die Einstellungen, Haltungen und Handlungen.

Viktor Frankl hat das Menschsein in drei Dimensionen beschrieben. Die somatische (leiblich, körperlich), die psychische (seelisch) und die noetische (geistig) Dimension. Ein Burnout betrifft den Menschen in allen Dimensionen seines Seins: Somatische Dimension: körperliche Schwäche, funktionelle Störungen (wie Schlaflosigkeit) bis zu Anfälligkeiten für Krankheiten. Die psychische Dimension ist: Lustlosigkeit, Freudlosigkeit, emotionale Erschöpfung, Reizbarkeit.

Die noetische Dimension ist: Rückzug von Anforderungen und Beziehungen, entwertende Haltungen sich selbst und der Welt gegenüber.

Eine so umfassende Störung des Befindens ist ein Erlebenshintergrund, der weitere Erfahrungen beträchtlich einfärbt. Wenn andauernd die somatisch-psychische Kraft ausbleibt, entsteht bald ein Gefühl der Leere, dem eine geistige Orientierungslosigkeit folgt. Schließlich stellt sich ein Gefühl der Sinnlosigkeit ein, das immer mehr Bereiche des Lebens befällt – vom Beruf über die Freizeit bis hin zum Privatleben, so lange, bis schlussendlich das ganze Leben erfasst ist. Wie kommt es zu dieser Erschöpfung? Warum bekommen andere Menschen, die auch sehr viel leisten, kein Burnout? Das Burnout kann logotherapeutisch (die psychotherapeutische Behandlung durch methodische Einbeziehung des Geistigen und Hinführung bzw. Ausrichtung des Klienten auf sein Selbst, seine personale Existenz) mit einem Defizit an echtem, existenziellem Sinn erklärt werden. Ein existenzieller Sinn weist nämlich das Charakteristikum auf, dass er zu innerer Erfüllung führt. Diese hält auch bei Ermüdung und Überforderung an, weil dem Menschen immer in seinem Erleben präsent ist, dass er seine Taten und Handlungen freiwillig und um deren Wertigkeit wegen setzt. Ein Leben, das einem scheinbaren Sinn folgt, geht erlebnismäßig in die Leere. Es ist kräfteraubend und erzeugt Stress. Anstatt der Freude an Geschaffenem wird bestenfalls Stolz empfunden. Doch Stolz wärmt nicht und Applaus nährt nicht. Ein Leben, das als erfüllend erlebt wird, ist Resultat aus der Hingabe an personale Werte, also Werte, die subjektiv empfunden und realisiert werden. Durch die Hingabe an diese Werte, die als attraktiv, interessant und wichtig empfunden werden, entsteht eine „Rückgabe" an die Person, die zur Erfüllung führt.

Der Unterschied zwischen personaler Sinnerfüllung und scheinbarem Sinn soll durch folgende Gegenüberstellung sichtbar gemacht werden.

Existenzieller Sinn	Schein-Sinn (-Burnout)
Erfüllung	Entleerung
schöpferisch	erschöpfend
Hingabe	Hergabe
gestalterisch	wird gestaltet
erlebnisreich	erlebnisarm
persönlich	sachlich
frei	gezwungen
verantwortlich	verpflichtet
Erfüllung trotz Müdigkeit	Entleerung trotz Entspannung

Man kann es so sehen: Wer an seiner Arbeit Freude und Interesse empfinden und erleben kann, ist bestens vor einem Burnout geschützt, weil er auf dem Weg zu einer sinnerfüllten Existenz ist. Die Intentionen eines Menschen, der zu einem Burnout neigt, dienen nicht der Sache oder der Aufgabe, sondern seiner Karriere, seinem Einkommen, dem Einfluss, der sozialen Akzeptanz, der Pflichterfüllung, dem Dienen seiner Statusangst. Wenn ein Mensch aus solchen Gründen an eine Sache herangeht, ist er nicht inhaltlich orientiert, sondern sachlich. Es geht ihm nicht um die Zuwendung zur Aufgabe, zum Menschen, mit dem er beschäftigt ist, sondern nur um die Tätigkeit, nicht um den Wert des Objekts. Diese Lebenshaltung drückt sich aus in einer Verkennung der existenziellen Wirklichkeit. Der Wert des eigenen Lebens wird missachtet und genauso als Mittel zum Zweck gesehen wie die Dinge der Welt, die Menschen, Gefühle, Bedürfnisse und das Gespür für das Richtige. Dadurch, dass diese beiseitegeschoben werden, verliert der Mensch die Beziehung zu sich selbst. Dies führt zu einem Leben in Dis-Kordanz (cor = Herz).

Das Herz ist nicht dabei

Ein Leben unter Missachtung seines Eigenwertes erzeugt Stress. Existenzanalytisch gesehen ist die Wurzel von Stress also, etwas zu tun bzw. etwas tun zu müssen, ohne es wirklich zu wollen. Aus dieser Wurzel – ohne innere Zustimmung zum realen Inhalt zu leben – entstehen Entleerung, Erfüllungsdefizit, psychische Bedürftigkeit und Verlust des Lebensgefühls. Burnout ist das Ergebnis von langandauerndem Tun oder Schaffen ohne Erleben. Burnout und Stress entstehen aus einem Leben ohne innere Zustimmung. Wenn ein Mensch über längere Zeit einer Beschäftigung nachgeht, zu der er keine innere Beziehung hat, daher dem Inhalt der Aufgabe nicht zustimmen und sich deshalb diesem nicht hingeben kann, ist gut nachvollziehbar, dass es zu einer inneren „Entleerung", einer Vor-Depression, kommen kann. Der Mensch gibt nur und erhält nichts zurück. In einer solchen Lebenshaltung wird die Arbeit nur erledigt, um sie weg zu haben, oder sie wird als Ersatz für die fehlende Nähe gesehen. Der Mensch wird leblos, leer. Also entsteht ein Burnout über eine Abfolge von Schritten. Seinen Ausgang nimmt es in einem existenziellen Vakuum, einer Bedürftigkeit, die aus der Fremdmotivation heraus entsteht und der fehlenden inneren Zustimmung. Daraus wieder resultiert eine doppelte Beziehungsarmut: eine defizitäre Beziehung nach innen, zu sich selbst und den eigenen Emotionen, und eine fehlende nach außen, zu anderen Menschen und zu seinem ausgeübten Beruf.

Lassen Sie uns auch noch kurz beleuchten, wie die Verhinderung eines existenziellen Lebens überhaupt zustande kommen kann. Im Bereich der ersten Grundmotivation, in dem es um Sicherheiten, Schutz, Halt, Raum und Angenommensein in der Welt geht, treten Defizite auf. Aus dem Mangel an Halt kommt es zu einem Gefühl der Unsicherheit und Bedrohung. Deshalb klammern sich die Betroffenen an alles, was Halt verspricht, also vor allem starr geordnete, gut strukturierte Tätigkeiten. Auf der Ebene der zweiten Grundmotivation geht es um Beziehung, Wärme, Lebenswert, Zuwendung und Nähe. Störungen in diesem Bereich, wie gestörte Emotionalität, Beziehungsangst und emotionale Überlastung äußern sich in einem Basisgefühl des Verpflichtetseins. Solche Menschen sind empfänglich für helfende Berufe, in denen sie trotz ihrer Bemühungen den Schuldgefühlen nicht entkommen und wie in einem Gefängnis eigener Bedürftigkeit sich für andere hergeben. Sie kämpfen darum, für andere keine Belastung zu sein, eigene Ansprüche hintanzustellen und nicht schlecht sein zu wollen. Im Bereich der dritten Grundmotivation geht es um die Anerkennung des Eigenen, des Selbstwerts und der Rechtfertigung der eigenen Existenz vor sich selbst und den anderen.

Liebt mich!

Man möchte von den Mitmenschen geschätzt werden und sich selbst schätzen können. Bei einer Störung in diesem Bereich werden die Menschen empfänglich für verlockende Selbstwertangebote, wie sie zum Beispiel Karriereberufe oder Geld mit sich bringen. Die Bedürftigkeit zeigt sich in einem Mangel an Selbstwert, die den Menschen sozusagen in eine Sucht nach Anerkennung treibt. Ziel dieses Strebens ist, von den anderen verehrt und geschätzt zu werden. In der vierten Grundmotivation schließlich geht es um das Finden eines Sinns, also eines größeren Zusammenhangs, in dem man sich selbst und sein Leben verstehen kann. Wer diese existenzielle Haltung nicht hat, für die die anderen Grundmotivationen Voraussetzung sind, der wird anfällig für einen Scheinsinn, also zum Beispiel Modeströmungen, ideologische Erklärungen, gesellschaftlich anerkannte Ziele und so weiter. Hinter dem Burnout steht eine doppelte Beziehungsarmut.

Natürlicherweise steht im Vordergrund die situative Entlastung. Dazu gehören Maßnahmen wie Abbau des Zeitdrucks, Delegation und Teilung von Verantwortung, Festlegen realistischer Ziele, das Besprechen normativer Vorstellungen, dysfunktionaler Glaubenssätze und Denkmuster, das Ausfindigmachen fehlender Informationen und Strategien zur Verbesserung der Arbeitseffizienz. In der Existenzanalyse geht man im Grunde genau so vor, verlagert dann aber die Aufmerksamkeit von den äußeren Bedingungen auf die Haltung zum Leben und auf die Sinnstruktur. Wesentliche Fragen zur Prävention des Burnouts können folgende sein:

Wozu mache ich das?

Mag ich das tun?

Erlebe ich, dass es gut ist, dies zu tun?

Gibt mir die Tätigkeit auch jetzt etwas?

Will ich dafür leben – will ich dafür gelebt haben?

Macht. Arbeit. Leistung. Fleiß. Disziplin. Diesen Werten jagen wir nach, aber wo bleibt der Sinn? Für wen arbeiten wir und warum?

Jeder kann es lassen – er fährt dann nur nicht vorne mit. Aber jeder will, dass die anderen klatschen. Statusangst. Niemand wird gezwungen zu dopen oder sich zu Tode zu ackern. Jeder kann es lassen, aber jeder will die soziale Anerkennung und die damit verbundene Macht, denn sie ist gerade in Krisenzeiten die härteste Währung. Die bekommt, wer sich für die Gemeinschaft aufopfert oder wenigstens so tut. Im Zentrum des Faktors Lebensqualität im besten Sinne steht nicht mehr das Anhäufen von Werten oder das steile Erklimmen einer fiktiven Karriereleiter, sondern das Leben selbst mit einer gesunden Balance, zu welcher der Faktor Arbeit einen wesentlichen Beitrag darstellt: Soziale Kontakte. Erfolgserlebnisse. Positiver Druck (ja!) im Sinne von Herausforderungen und Freiheiten, an deren Ende ein positiver Output steht. Das Umfeld in dem wir leben, die Menschen, mit denen wir uns umgeben, die Arbeit, die uns nicht mehr krank machen, sondern uns weitgehend erfüllen soll.

Meine Aufgabe

Das Wissen um eine Lebensaufgabe hat einen eminent psychotherapeutischen und psychohygienischen Wert. Wer um einen Sinn seines Lebens weiß, dem verhilft dieses Bewusstsein mehr als alles andere dazu, äußere Schwierigkeiten und innere Beschwerden zu überwinden.

Macht.Arbeit.Spaß? Macht.Führung.Spaß?

Wie ist es eigentlich mit Ihnen? Macht Ihnen Ihre Arbeit Spaß? Nein? Keine Sorge, das ist ganz normal, wie uns eine Gallup-Studie und viele andere weltweit renommierte Studien zeigen. Sie wären eine Ausnahme, wenn es anders wäre.

Trotzdem möchten wir davor warnen, Spaß an der Arbeit zu erwarten oder einzufordern, das wäre ein falscher Ansatz. Eine Arbeit, die wirklich nur Spaß macht, ist ein großes Privileg, das nur ganz wenigen von uns zuteil wird. Würde in unserer Volkswirtschaft nur mehr die Arbeit gemacht, die irgendjemandem richtig Spaß macht, würde unser System bald zum Erliegen kommen. Spaß ist natürlich wünschenswert und erfreulich obendrein, aber weder nötig noch immer möglich. Spaß ist vielleicht auch nicht ganz das richtige Wort, der gehört in erster Linie ins Privatleben, zu den Freizeitaktivitäten und Familienfesten dieser Welt.

Mit dem Wort Freude fangen wir schon mehr an. In der Forderung nach mehr Freude an der Arbeit steckt wesentlich mehr Reife als in der Forderung nach Spaß an der Arbeit. Doch auch der Erwartung nach immanenter und immerwährender Freude an der Arbeit können wir nicht viel abgewinnen. Arbeit sollte ein Maß an Erfüllung bedeuten und sie sollte sinnvoll sein. Dabei ist es aber häufig so, dass das Ergebnis von Arbeit sinnvoll sein kann, die Arbeit als solche aber keine Freude, geschweige denn Spaß macht. Das gilt im Übrigen für alle Berufe.

Das Lektorat an unserem Buch, so vermuten wir, hat nicht zu jedem Zeitpunkt Spaß gemacht und wir selbst hatten während dem Entstehen des Manuskripts auch nicht immer die größtmögliche Freude. Aber das Ergebnis dieser Arbeit erfüllt uns – und hoffentlich auch unsere Lektorin – mit allergrößter Freude und Erfüllung.

Unsere Lektorin arbeitet zum Großteil, weil sie muss, und nicht etwa, weil sie so großen Spaß daran hat. Auch wir arbeiten, weil wir müssen, und nicht etwa, weil uns jeden Tag exorbitantes Entertainment im Büro und in den Hörsälen erwartet und uns die freudige Erwartung darauf frühmorgens aus dem Haus treibt.

Viele arbeiten, weil sie müssen, andere arbeiten, obwohl sie nicht müssen. Viele Menschen arbeiten, weil sie einen Status erfüllen wollen, weil sie Kinder großzuziehen haben, weil sie Schulden haben. Im Zuge all der Work-Life-Balance-Debatten erscheint es uns wichtig, diesen Unterschied klarzustellen und keine falschen Erwartungen aufkommen zu lassen. Unsere Aufmerksamkeit sollte den positiven Aspekten unserer Arbeit gelten. Warum sehen wir die Aufgabe der Reklamationsabteilung nicht als Teil eines Ganzen, anstatt als Abteilung, die im Unternehmen den Prellbock gibt für alles, was die anderen Abteilungen verbocken? Warum betrachten wir die Reklamationsabteilung nicht als jene Abteilung, die einen wichtigen Beitrag zur Verbesserung der Servicequalität des gesamten Unternehmens liefert? Das führt vielleicht nicht zu mehr Spaß in der Reklamationsabteilung, aber es führt dazu, dass die Mitarbeiter den Sinn ihrer Arbeit sehen und Freude daran entwickeln, in den monatlichen Reklamationsstatistiken ihren eigenen Beitrag zur positiven Entwicklung zu sehen. Aber noch einmal: Deswegen wird sie vielleicht nicht lustiger oder schöner. Man kann wahrscheinlich ein Minimum an Sinn und Erfüllung in seiner Arbeit entdecken, wenn man gesagt bekommt, dass man einen Beitrag zu einer funktionierenden Gesellschaft leistet.

Aber jede Reinigungskraft weiß, dass Fensterputzen niemals einen hohen sozialen Status haben wird. Und so jemandem Spaß zu verordnen, ginge am gesunden Menschenverstand und am natürlichen Empfinden jedes Menschen vorbei.

Der Unsinn schlechthin – Arbeit muss ständig Spaß bereiten

Unternehmen sind nirgendwo auf der Welt Spaßproduktionsmaschinen – selbst ein Zirkus nicht. Nicht einmal der Clown wird sich jeden Tag vor Lachen den Bauch halten, wenn er zur Arbeit auf die Bühne geht.

Natürlich freut man sich, wenn Arbeit und Freude dann doch immer wieder zusammenkommen. Das passiert am ehesten dort, wo Menschen aufgrund ihrer freien Entscheidung ohne Druck und Zwang ihre Stärken zur Geltung bringen können. Das fängt bei der freien Entscheidung bei der Berufswahl an und hört auf bei Entscheidungen, innerhalb einer Organisation einen Schritt zu wählen, den andere möglicherweise als „rückwärts" einstufen. Es ist ein Irrglaube, dass eine Tätigkeit umso mehr Freude bringt, geschweige denn Spaß macht, je sozial angesehener sie ist.

Wir sind keine Spaßbremsen, aber wir warnen auch davor, jeden Tag aufzustehen und möglichst viel Entertainment im Unternehmen zu erwarten. Was auch immer Sie beruflich machen, nach zwei, drei Stunden werden Tätigkeiten eintönig. Manchen macht Monotonie Spaß, andere brauchen die Abwechslung. Es ist auch ein Irrglaube, dass Menschen, die ihr Hobby zum Beruf gemacht haben, Glückspilze seien.

Die Glückspilze

Die Athletin aus dem Nachwuchskader war der glücklichste Mensch, wenn sie ihre Skier angeschnallt hatte. Bis sie ihr Hobby zum Beruf machte und zu den Profis wechselte. Da war im wahrsten Sinn des Wortes Schluss mit lustig. Haben Sie jemals einen Skiprofi gesehen, dem sein Job ausschließlich Freude machte, geschweige denn Spaß bereitete? Das beinharte Training hinterlässt Spuren. Spaß macht das Skifahren den Amateuren, die kein Geld damit verdienen müssen und die nicht die Gewissheit quält, das in allerkürzester Zeit tun zu müssen, denn Profiskifahrer ist man nicht bis zur Pensionierung, das macht kein Körper mit.

Jeder Beruf, der professionell ausgeübt wird, erfordert Disziplin, Stehvermögen, ein dickes Fell und Konsequenz. All das macht nicht immer Freude und auch nicht immer Spaß. Wenn die Steigerung der Lebensqualität durch den Beruf nicht mehr realisierbar ist, gehen Menschen zum „Job nach Vorschrift" über und von da an ist der Weg zur inneren Kündigung nicht mehr weit, dem Schreckgespenst aller HR-Verantwortlichen und Performance-Messern. Wir kennen eine ganze Reihe von Menschen, die irgendwann ihr Hobby zum Beruf gemacht haben und in der inneren Kündigung gelandet sind. Wir raten auch Studenten immer wieder davon ab, ihre Berufswahl davon abhängig zu machen, was ihnen Spaß macht. Die wichtigste Frage ist vielmehr, in welcher Tätigkeit sie auf Dauer den meisten Sinn erkennen können.

Haben Sie zufällig auch jemanden in Ihrem Bekanntenkreis, der bei jedem passenden und unpassenden Moment seine Gitarre auspackt und zu singen anfängt und den Beweis antritt, dass das uralte Sprichwort so etwas von falsch ist: „Was man gern macht, macht man gut"?

Doch zwischen gern machen und gut machen besteht überhaupt kein Zusammenhang. Trotzdem glauben das viele, weil zwischen etwas ungern tun und es schlecht tun bestimmt ein Zusammenhang besteht. Nur der Umkehrschluss funktioniert in dem Fall nicht. Herauszufinden, wo die Stärken der Mitarbeiter liegen, ist eine der zentralen Führungsaufgaben. Vielen Menschen fallen ihre Fähigkeiten und Talente überhaupt nicht auf, weil sie ihnen so leicht fallen und mühelos von der Hand gehen. Managementaufgabe ist es daher, bei Mitarbeitern den Blick für das zu schärfen, was ihnen leicht fällt. Man kann Menschen kaum einen größeren Dienst erweisen, als ihnen zu helfen, ihre Stärken zu identifizieren, ihnen zu zeigen, wie sie sie nutzen können, und die Menschen darin zu fördern. Am Ende werden gute Arbeitsergebnisse stehen, die Freude machen, Stolz vermitteln und die einen Blick auf das Sinnvolle an dieser Tätigkeit eröffnen.

Sowohl für die Führungskraft als auch für die Mitarbeiter entsteht ein stabiles Maß an Motivation und Erfüllung. Die Führungskraft kann ihren Mitarbeitern helfen, das vielleicht Wichtigste zu finden: nämlich Sinn. Und der liegt – wie man von Viktor Frankl lernen konnte – nur selten in einer Tätigkeit als solches, sondern in ihren Ergebnissen.

Wer ein Warum hat, erträgt fast jedes Wie (Friedrich Nietzsche)

Der Original-Wortlaut dieses Zitats von Friedrich Nietzsche lautet so: „Hat man sein Warum des Lebens, so verträgt man sich fast mit jedem Wie. Der Mensch strebt nicht nach Glück; nur der Engländer tut das." (Friedrich Nietzsche, Götzen-Dämmerung, Sprüche und Pfeile, 12) „Denn die Aufgabe wechselt nicht nur von Mensch zu Mensch – entsprechend der Einzigartigkeit jeder Person, sondern auch von Stunde zu Stunde, gemäß der Einmaligkeit jeder Situation." Das Buchkapitel, in dem sich das Zitat findet, ist betitelt mit: „Der Aufgabencharakter des Lebens".

Gemäß Viktor Frankl hat jeder Mensch seine uneingeschränkte Würde und jedes Leben hat einen Sinn, den es zu finden und zu verwirklichen gilt. Mit dieser Überzeugung erhalten Achtung und Wertschätzung ihre besondere Tiefe. Für Viktor Frankl ist der Wille zum Sinn ein spezifisch menschliches Grundmotiv. Er ist überzeugt, dass jeder Mensch nach Sinn fragt, an Sinn glaubt und über den Willen zum Sinn verfügt. Sinn muss vom Einzelnen gefunden werden – darin sieht Viktor Frankl den Aufgabencharakter eines jeden Lebens.

Wer ein Warum zu leben hat, erträgt fast jedes Wie. Tatsächlich hat das Wissen um eine Lebensaufgabe einen eminenten psychotherapeutischen und psychohygienischen Wert. Wir behaupten, dass es nichts gibt, was eher geeignet ist, einen Menschen objektive Schwierigkeiten oder subjektive Beschwerden überwinden bzw. ertragen zu lassen als das Bewusstsein, im Leben eine Aufgabe zu haben. Das gilt erst recht, wenn diese Aufgabe auf einen persönlich zugeschnitten ist und etwas darstellt, was man eine Mission nennen könnte. Sie macht ihren Träger unvertretbar und unersetzlich und verleiht seinem Leben den Wert des Einzigartigen. Der angeführte Satz von Nietzsche lässt auch verstehen, dass das „Wie" des Lebens, also irgendwelche misslichen Begleitumstände, in dem Augenblick und in dem Maße in den Hintergrund tritt, als das „Warum" in den Vordergrund rückt. Aus der so gewonnenen Einsicht in den Aufgabencharakter des Lebens ergibt sich mit Konsequenz, dass das Leben eigentlich nur umso sinnvoller wird, je schwieriger es geworden ist.

Ein Spitzensportler schafft sich permanent Schwierigkeiten, fordert sich bei jeder Trainingseinheit mehr und mehr, um sich zu überwinden und sich zu bewähren. So wachsen wir an Hürden und an Schwierigkeiten: „Denn die Aufgabe wechselt nicht nur von Mensch zu Mensch – entsprechend der Einzigartigkeit jeder Person –, sondern auch von Stunde zu Stunde, gemäß der Einmaligkeit jeder Situation." Leo Baeck (geboren am 23. Mai 1873 in Lissa, Provinz Posen, im damaligen Königreich Preußen, gestorben am 2. November 1956 in London) war Rabbiner und zu seiner Zeit der bedeutendste Vertreter des deutschen liberalen Judentums sowie jahrelang Führungsfigur und Repräsentant der deutschen Judenheit. 1943 wurde Leo Baeck in das Konzentrationslager Theresienstadt verschleppt. In Theresienstadt wurde Leo Baeck Mitglied im Ältestenrat und kümmerte sich unter schwierigsten Bedingungen um die Gemeinde – unterstützt von Regina Jonas und Viktor Frankl. Regina Jonas (geboren am 3. August 1902 in Berlin, gestorben am 12. Dezember 1944 im KZ Auschwitz-Birkenau) war die erste Frau weltweit, die zur Rabbinerin ordiniert wurde und die erste Frau, die in Deutschland als Rabbinerin praktizierte. Auf Bitte von Leo Baeck hielt Viktor Frankl in Theresienstadt Vorträge. Auf die Rückseite des Flugblatts zu diesem Vortrag notierte Viktor Frankl: „Es gibt nichts auf der Welt, das einen Menschen so sehr befähigte, äußere Schwierigkeiten oder innere Beschwerden zu überwinden, als: das Bewusstsein, eine Aufgabe im Leben zu haben."

Erfolgreiche Unternehmen leben eine sinn- und leistungszentrierte Kultur. Viele solcher Konzepte basieren auf dem Werk Viktor Frankls. Mitarbeitende in einer sinn- und leistungszentrierten Unternehmenskultur haben dann am meisten Freude an ihrer Arbeit und sind dann in der Lage und gewillt, ihr Bestes zu geben, wenn sie sehen, für wen oder für was ihre Arbeit gut ist, und wenn ihr Unternehmen im Einklang mit den Bedürfnissen der Gesellschaft und der natürlichen Umwelt handelt. Es ist wissenschaftlich erwiesen, dass solche Unternehmen besonders überlebensfähig und ertragsstark sind. Gerade diese Unternehmenskonzepte setzen einen Kontrapunkt zu jenem unternehmerischen Denken und Handeln, welches dem Streben nach dem kurzfristigen maximalen Gewinn alles andere unterordnet – die Interessen der Kunden, das Wohlergehen der Mitarbeiter, das Wohl der Gesellschaft und eine intakte natürliche Umwelt. Mitarbeitern fällt es schwer, sich mit eigennützigem Unternehmertum zu identifizieren und sich innerhalb solcher Unternehmenskulturen entsprechend ihrer Fähigkeiten zu entfalten und eine Bindung zum Unternehmen zu entwickeln.

Mitarbeiter binden – aber wie?

Gemäß Gallup fühlen sich in Westeuropa 80 bis 90 Prozent aller Mitarbeiter nur schwach oder gar nicht an ihr Unternehmen gebunden. „Man geht arbeiten, um Geld zu verdienen, das wirkliche Leben beginnt nach der Arbeit!" Wer Arbeit nur als Pflicht versteht, wirft täglich acht Stunden seines Lebens zum Fenster hinaus und so sind viele Unternehmen leistungsmäßig nicht dort, wo sie sein könnten. Gemäß Kelly-Services wären weltweit 50 Prozent aller Mitarbeitenden bereit, auf einen Teil ihres Gehaltes und auf beruflichen Status zu verzichten, könnten sie sinnvollere Arbeit leisten.

Sinn ist Motivation

Als sinnvoll und motivierend erfahren wir unser Handeln gemäß Viktor Frankl dann, wenn wir uns in den Dienst von Aufgaben stellen, die größer sind als wir selber, die also nicht bloß Selbstzweck sind. Dies verschafft uns die Erfahrung: „Ich bin gut für etwas", „Ich kann etwas Positives bewirken".

Das damit verbundene „Wozu" lässt uns unser Tun als sinnvoll erfahren. Wenn wir uns anderen Menschen zuwenden, erfahren wir: „Ich bin gut für jemanden", „Ich habe für jemanden Bedeutung": Ein „Für wen" unseres Tuns ist nach Viktor Frankl nämlich eine weitere wichtige Sinnquelle. Ein „Wozu" und „Für wen" verschaffen uns nicht nur Einsicht in die Sinnhaftigkeit unseres Tuns, die Erfahrung „ich bin gut für jemanden" oder „ich bin gut für etwas" führt uns auch zur Erfahrung des Anerkannt-Werdens als Individuum durch andere. Diese Wertschätzung verschafft uns wiederum die Gewissheit, dass wir einen Platz im Leben haben, dass wir in einem sinnstiftenden größeren Ganzen aufgehoben sind – dass unser Dasein „Sinn hat". Die Einsicht in den Sinn unserer Aufgaben und in die Sinnhaftigkeit unseres Daseins sind die nachhaltigsten Katalysatoren unserer Leistungsbereitschaft und unseres Leistungswillens. Sie mobilisiert Energien, die über das Extrinsische, das Äußerliche der Theorie der Eigennutzenmaximierung weit hinausgehen. Sie ist die Quelle jener Leistung, Kundennähe, Kreativität und Innovationskraft, welche Unternehmen zu nachhaltigem Erfolg verhelfen.

Sinn als Quelle der Leistung gilt für das Individuum, aber auch für das Unternehmen. Peter Drucker sagt: „Unternehmen existieren nicht um ihrer selbst willen, sondern, um bestimmte gesellschaftliche Funktionen wahrzunehmen, ein bestimmtes Bedürfnis der Gesellschaft, von Gruppen oder Individuen zu erfüllen. Sie sind nicht Selbstzweck, sondern Mittel." Auch Unternehmen finden ihre Daseinsberechtigung, ihren „Sinn", indem sie über sich selber hinausschauen und sich durch ihre Leistung für Kunden und Gesellschaft nützlich machen. Wenn sich Unternehmen darauf ausrichten, werden sie zu Sinn-Stiftern, zu wichtigen Motivationsfaktoren ihrer Mitarbeiter.

Auf der permanenten Suche nach dem Sinn

Es gibt drei Hauptquellen von Sinn im Unternehmen: Eine gelebte Mission, eine klare Vision und Werte. Die Mission muss die Frage beantworten, weshalb es gut ist, dass es unser Unternehmen gibt, wofür es steht. Die Antwort ist nicht die Produktpalette, sondern der aus der Geschäftstätigkeit folgende Nutzen. Die meist in einem Claim verdichtete Mission (BMWs „Freude am Fahren", Nike's „Just do it", Red Bull's „Verleiht Flügel", um nur einige zu nennen) und die Vision verkörpern das sinnstiftende und motivierende „Wozu" und „Für wen" eines Unternehmens, in Worte gegossene und gelebte Werte sichern die Anerkennung intern und gegenüber den Kunden. „Eigennützige" Unternehmen sind von Misstrauen geprägt, kontroll- und binnenorientiert. Sinn- und leistungszentrierte Unternehmen dagegen sind außen-, also kundenorientiert; statt Kontrolle gilt Vertrauen bzw. Selbstverantwortung. Diese Unternehmen sind kreativ, innovativ und wandlungsfähig: Durch die gelebte Mission, Vision und Werte haben Mitarbeiter einen Fixstern, an den sie sich halten und an dem sie sich orientieren können. Und weil sie ihre Ideen einbringen können (Anerkennung), klammern sie sich in Change-Phasen nicht wie Ertrinkende an Produkte, Status, Strukturen und Prozesse, um Halt zu finden, sondern ziehen mit.

Wenn ein Unternehmen eine sinn- und leistungszentrierte Mission, eine Vision und Werte lebt, sind nicht nur diese selber Sinnquellen: Auch die Kunden, die Produkte, der gute Ruf in Markt und Gesellschaft, die Haltung der Unternehmensführung und der Eigentümer sowie die interne Kommunikation werden aus der Sicht der Mitarbeiter zu wichtigen Quellen für Sinn und Anerkennung.

Peter Drucker:
„Kultur verspeist Strategie zum Frühstück!"

Unternehmen, welche eine sinn- und leistungszentrierte Unternehmenskultur leben, sind in der Lage und motiviert, ihre Erzeugnisse und ihre Märkte so intelligent zu definieren, dass ihre Wertschöpfung am Markt und ihre Werte-Schöpfung zugunsten der Gesellschaft in eine synergetische Beziehung zueinander kommen: Eine Beschäftigungspolitik, welche Entlassungen nur als ultima ratio versteht und nicht bloß als Mittel der kurzfristigen Kostenreduktion, bewahrt das Know-how und die Loyalität der Mitarbeitenden und oft auch diejenige der Kunden. Fair entlohnte Mitarbeiter sind gute und motivierte Mitarbeiter. Lieferanten, denen es gut geht und die über viel Know-how verfügen, liefern qualitativ hochstehende Produkte und sind verlässlich. Gute direkte Beziehungen zwischen Unternehmen und Rohstofflieferanten machen unabhängig von Spekulationsblasen. Eine kluge Beschaffungs- und Standortpolitik reduziert die Transportkosten und schont die Umwelt. Eine ressourcenschonende Produktion, Verpackungstechnologie und Lagerung verringert auf lange Sicht die Kosten und nützt der Umwelt. Eine intakte Umwelt ist nicht nur im Interesse von Kunden, Mitarbeitern und ihren Angehörigen, sie ist auch die Quelle lebenswichtiger Ressourcen für viele Unternehmen. Die Beschäftigung von behinderten Menschen wirkt sich positiv auf das Unternehmensklima aus und fördert die Lebensqualität der beeinträchtigten Menschen. Eine sinn- und leistungszentrierte Unternehmenskultur öffnet den Blick auf schier unbegrenzte Möglichkeiten, gesellschaftliche Verantwortung synergetisch mit Wettbewerbsvorteilen auf dem Markt zu verbinden. Im Gegensatz zur Ökonomie der Eigennützigkeit erscheint im sinn- und leistungszentrierten Paradigma die Übernahme gesellschaftlicher Verantwortung nicht als ertragsmindernder Kostenfaktor, sondern als Voraussetzung langfristig erfolgreichen Unternehmertums: Wo Unternehmen, Kunden, Mitarbeiter und Anteilseigner ihre Beziehung nicht unter dem Aspekt des Eigennutzenstrebens definieren, sondern sich vom Gedanken einer organischen Ko-Evolution leiten lassen, wachsen, entwickeln und stärken sie sich gegenseitig und gedeihen gemeinsam. Dies gilt auch für die Beziehung Unternehmen – Gesellschaft – Umwelt.

Gesellschaftlich verantwortlich agierende Unternehmen genießen eine hohe Reputation und das Vertrauen und die Loyalität von Kunden, Mitarbeitern, Eigentümern, Medien, Öffentlichkeit, Kreditgebern, Behörden, Politik und oft auch Gewerkschaften. Als beliebte Arbeitgeber können sie unter den Mitarbeitern die Besten auswählen – alles Ressourcen, welche für Unternehmen einen hohen ökonomischen Wert haben, die jedoch den primär am Selbstzweck der Eigennutzenmaximierung orientierten Firmen verschlossen bleiben.

Der Zustand von Unternehmen ist auf Dauer vom Zustand der Gesellschaft nicht zu trennen – es macht für Unternehmen Sinn, sich für das Wohlergehen derjenigen Gesellschaften zu engagieren, in denen sie tätig sind, letztlich auch in ihrem eigenen Interesse. Natürlich nicht im Zeichen einer Eigennutzenmaximierung, sondern in der synergetischen Balance von ökonomischer Wert- und gesellschaftlicher Werteschöpfung. Der Einsatz von Unternehmen in der Flüchtlingsfrage, sei es in Form von Sach- oder Geldspenden oder auch dem Zur-Verfügung-Stellen von Arbeitskraft, ist ein aktuelles und hervorragendes Beispiel, das diesen Unterschied von Eigennutz oder dem Gegenteil zutage bringt. Demotivationsfaktoren: Bürokratismus, fehlende Wertschätzung

Nicht demotivieren statt motivieren!

Wer Sinn sieht, braucht keine Motivation. Die wenigsten Unternehmen oder Führungskräfte können allerdings bereits von diesem Punkt weg starten. Eine realistische Situationsanalyse zeigt meist: Es gibt einiges zu tun und bevor wir an Motivation denken, müssen wir uns mit Demotivation und den Faktoren beschäftigen, die diese aktuell in unserem Unternehmen oder unserem Team auslösen. Das ist gar nicht so schwierig, wenn man sich nicht vor der Wahrheit fürchtet. Sei es als Führungskraft oder als Mitarbeiter; was uns demotiviert kann sehr vielfältig sein: „Ich habe mitgeschrieben", erzählte uns eine Mitarbeiterin, „vierzehn Wochenstunden verwende ich für Tätigkeiten wie Time Management, Urlaubsanträge, Rechnungsfreigabe, Listen zu führen, die keiner braucht, Reisekostenabrechnungen, Reportings, damit die im Controlling sich ausrechnen können, wie effizient ich arbeite, die restlichen 24,5 Stunden komme ich dann zu meiner eigentlichen Arbeit, wovon allerdings noch die Zeit für alle möglichen Besprechungsroutinen abgezogen werden muss". Die Frau arbeitet in leitender Funktion in einem Produktionsbetrieb und ist laut ihren eigenen Erzählungen so demotiviert von dieser aufgezwungenen Selbstverwaltung, dass sie vor einigen Monaten zum Dienst nach Vorschrift übergegangen ist, „bis ich einen anderen Job gefunden habe". Überstunden macht sie keine mehr, denn auch die Tatsache, dass ihr Unternehmen nach einer Fusion auf All-in-Verträge umgestellt hat, bei nur minimaler Gehaltsanpassung, ist ein weiterer Faktor für ihre zunehmende Demotivation.

Eine völlig demotivierte Freiwillige, die sich wochenlang fast täglich bei der Essensausgabe an Flüchtlinge im steirischen Spielfeld engagierte, sagte: „Bald stehen neben jedem von uns mit der Gulasch-Schöpfkelle zwei Kontrolleure, die darauf achten, dass alle Hygienebestimmungen eingehalten werden. Das ist demotivierend und frustrierend, ich weiß wirklich nicht, wie lange ich mich hier noch zum Helfen motivieren kann ..." Der Kontroll- und Bürokratiewahnsinn rangiert in den allermeisten Fällen ganz weit oben im Ranking bei den Demotivationsfaktoren. Fehlende Wertschätzung ist ebenfalls ganz oben anzutreffen im Ranking. So selbstverständlich es klingt, nicht in allen Unternehmen und nicht in allen Abteilungen gehört sie zu den Selbstverständlichkeiten: „Ich habe unzählige Wochenenden durchgearbeitet, um die neue Anlage zum Laufen zu bekommen und ich habe gut verdient mit diesem Auftrag, weil mein Unternehmen sämtliche Überstunden abgegolten hat" und dennoch ist dieser Mitarbeiter in höchstem Maße demotiviert, denn: „Nicht ein Wort des Dankes für die vielen Zusatzstunden ist meinem Chef über die Lippen gekommen!" Motivation hat eine wichtige Steuerungsfunktion im Bereich der Rentabilität eines Unternehmens. Es heißt: Drei motivierte Mitarbeiter erbringen die gleiche Arbeitsleistung wie vier demotivierte Mitarbeiter, und da ist bestimmt etwas dran. Es gibt viele Mitarbeiter, die in ihrem Unternehmen einen Nine-to-five-Job haben und in ihrer Freizeit beim Roten Kreuz, bei der Freiwilligen Feuerwehr oder in einem anderen der über 30.000 österreichischen Vereine hochmotiviert und sogar in Führungsfunktionen tätig sind. Was treibt sie an? Das ist eine gute Frage und gute Fragen befördern fast immer gute Antworten zutage. Sinn muss hier die Antwort sein. Und das Ausbleiben von Demotivationsfaktoren oder ihre begrenzte Wirksamkeit.

Der eigene Antrieb

Warum können Menschen ohne Arme und ohne Beine nicht Auto fahren? Ganz offensichtlich macht diese Frage keinen Sinn. Heute jedenfalls nicht mehr und auch nicht für Dr. Georg Fraberger, der 1973 ohne Arme und ohne Beine auf die Welt gekommen und dem es gelungen ist, sich ein Leben aufzubauen, das dem eines mit allen Gliedmaßen ausgestatteten Menschen in nichts nachsteht. Der mit 18 Jahren den Führerschein gemacht hat und seither mit einem umgebauten PKW selbstständig und ohne Hilfe durch die Gegend fährt und sein Recht auf Mobilität behauptet. Vor 1886 (dem Geburtsjahr des modernen Automobils) hätte Georg Fraberger die Frage nach Mobilität mit seinen körperlichen Einschränkungen überhaupt nicht gestellt, sie wäre ihm sinnlos erschienen. Über einhundert Jahre nach der Erfindung des Autos verwandelte er die kühle, analysierende Frage „Warum können Menschen ohne Arme und Beine nicht Auto fahren?" in eine neue, motivierende Frage, nämlich: „Wie kann ich ohne Arme und ohne Beine Auto fahren?"

Die breite Masse der Menschen belächelt und verspottet Querdenker, Umdenker, unbeirrbare Weltverbesserer, Mächtige, die sorgfältig mit ihrer Macht umgehen, Führungskräfte, die ihren Mitarbeitern auf Augenhöhe begegnen, Mitarbeiter, die sich am Sonntagabend auf die neue Arbeitswoche freuen. Aber ein paar wenige lassen sich immer auch anstecken und folgen ihnen nach auf der Suche nach Sinn, auf der Suche nach Antworten.

Mir kam einmal dieser Gedanke: Wenn man einen Menschen vollkommen erdrücken und vernichten, einer so entsetzlichen Strafe unterziehen will, dass vor ihr selbst der grausamste Mörder erbebte und sie schon im Voraus fürchtete, so braucht man nur seiner Arbeit den Charakter vollkommener Zwecklosigkeit und Sinnlosigkeit zu verleihen. (Fjodor Dostojewski)

Resilienz

Ever tried. Ever failed. No matter.
Try again. Fail again. Fail better.
Samuel Becket

Veränderung zulassen

Erfüllende Tätigkeit

Der Wunsch nach erfüllender Arbeit – nach einer Tätigkeit, die als sinnvoll erlebt und in der wir uns mit unseren Werten und Leidenschaften und mit unserer Persönlichkeit wiederfinden – ist ein Produkt der Moderne. Wer Samuel Johnsons Dictionary of the English Language von 1755 aufschlägt, wird das Wort „Erfüllung" darin nicht finden. Jahrhundertelang waren die meisten Bewohner der westlichen Welt so in Anspruch genommen von der Sicherung ihrer Existenz, dass in ihrer Gedankenwelt die Frage, ob sie eine aufregende Karriere hatten, in der sie ihre Talente entfalten konnten und sich wohlfühlten, gar nicht vorkam. Erst heute hat materieller Wohlstand unseren Geist so befreit, dass wir zumindest innerlich und bewusst wie unbewusst doch mehr vom Abenteuer des Lebens und der Arbeit erwarten. Ein erfolgreicher Anwalt und ehemaliger Geschäftspartner erzählte uns Folgendes: „Eigentlich hatte ich Angst, mir etwas zu überlegen, das nichts mit Beratung oder Judikative im weiteren Sinne zu tun hatte. Anwalt zu sein war meine Identität, das geht den meisten Anwälten so. Es ist wie eine Marke. Sagt aus, wer man ist. Würde ich diese Identität verlieren, käme ich mir völlig leer vor. Wenn du nicht Anwalt bist, wer bist du dann? Bist du dann überhaupt noch jemand? Kurz vor Ende meines letzten Urlaubs merkte ich dann, dass ich in einer regelrechten Depression steckte und die Wurzel lag in meiner Arbeit. Wie ich das ändern sollte? Ich hatte keine Idee und auch keine Kraft, darüber nachzudenken. Ich war nun einmal Anwalt und was würde sich ändern, wäre ich plötzlich Anwalt in einer anderen Kanzlei? An meiner Arbeit würde sich nichts ändern. Irgendwann kam der Tag, an dem ich nicht mehr konnte. Ich habe mir frei genommen, bin nach Hause gefahren, habe mich an den Computer gesetzt und in die Suchmaschine getippt: „Was macht man, wenn man seinen Beruf hasst." Ich hatte keine Angst mehr vor der Veränderung, mir war alles recht und ich wusste, ich würde alles Notwendige in Kauf nehmen, wenn es bloß nicht mehr so weiterginge wie bisher."

Die wenigsten Menschen mögen Veränderungen und die wenigsten suchen sie aus freien Stücken, es sei denn, der Leidensdruck in ihrer aktuellen Situation ist groß genug. Gewohnheiten schützen auf eine Weise, aber sie schränken ein und hindern uns daran, uns weiterzuentwickeln. Krisen wirtschaftlicher oder persönlicher Natur sind Störungen, die hohe Anreizimpulse setzen. Wenn wir ehrlich sind, sind es die Brüche, die uns in Richtung Zukunft bewegen, Brüche, die nicht kontinuierlich, sondern plötzlich auftreten. Erst das Nicht-mehr-Funktionieren des Alten zwingt uns zu anderem Verhalten. Und was wir dazu brauchen, bezeichnen wir als akkumulierte Veränderungsbereitschaft. „Ohne Arbeit verdirbt das Leben, aber wenn die Arbeit seelenlos ist, erstickt und stirbt das Leben", schrieb Albert Camus. Eine Arbeit zu finden, die eine Seele hat, gehört zu den großen Sehnsüchten unserer Zeit. Die Fraktion des „lächelnden Ertragens" hat zwar immer noch ihre Anhänger, aber die Zahl derer wächst, die mehr von ihrer Arbeit verlangen. Sie wollen sich mit ihrer Persönlichkeit in ihrem Tun wiederfinden und streben Tätigkeiten an, die sie als Menschen reifen lassen.

Lust auf Veränderung?

Wer das auch möchte, sollte sich zwei Fragen stellen: 1. Wie finden wir unsere Berufung? 2. Wie überwinden wir, was uns an der Veränderung hindert? In Gesprächen klagen Mitarbeiter immer wieder, sie suchten noch nach ihrer Berufung oder beneideten andere, die ihren Sinn im Beruf gefunden hätten. Doch sie wollen dazu nichts tun. Es scheint fast so, manchen ist das bekannte Unglück lieber, als das unbekannte Glück. Wir verstehen Berufung als eine Tätigkeit, bei der man nicht nur Erfüllung – Sinn, Flow und Freiheit – findet, sondern die auch ein Ziel und einen klaren Zweck hat, dessen Erreichen man anstrebt und von dem man sich leiten lässt. Dafür steht man jeden Morgen auf. Ein klares Lebensziel, einen Lebenszweck zu haben, ist der sicherste Weg zu einem befriedigenden Leben. Das ist eine der wichtigsten Erkenntnisse in der Geistesgeschichte des Westens. Falls es auf die Frage nach dem Sinn des Lebens überhaupt eine Antwort gibt, wäre das ein Anwärter. Aristoteles bekannte sich als einer der ersten Denker ausdrücklich dazu, als er schrieb: Jeder, der dem eigenen Entschluss gemäß zu leben in der Lage sei, solle sich ein Ziel für ein gutes Leben setzen, „mit Blick, worauf er alle seine Handlungen vollführt – denn sein Leben nicht auf irgendein Ziel hin geordnet zu haben, gilt als Zeichen großer Dummheit".

Leidenschaft leben – leidenschaftlich leben

Marya Sklodowska – die später unter dem Namen Marie Curie bekannt werden sollte – wurde im Jahr 1867 als Kind einer verarmten polnischen Intellektuellenfamilie in Warschau geboren. Sie war eine begabte Schülerin, die Verwirklichung ihres Traums, in Paris Medizin zu studieren, scheitert jedoch an fehlenden finanziellen Mitteln. Notgedrungen arbeitete sie fünf Jahre lang als Hauslehrerin im ländlichen Polen. In dieser Zeit sparte sie so viel Geld, wie sie nur konnte, und las bis tief in die Nacht Bücher über Physik, Mathematik und Astronomie. Mit 24 traf sie schließlich 1891 in Paris ein und begann ein Medizinstudium an der Sorbonne, verlegte sich dann aber auf Chemie und Physik und begann im Labor zu experimentieren. Eine Leidenschaft, die sie von ihrem Vater geerbt hatte. Das war der Beginn eines ungewöhnlich intensiven Lebens für die wissenschaftliche Forschung, das über vierzig Jahre dauern sollte. Curie arbeitete zwölf bis vierzehn Stunden am Tag, nach der

Rückkehr aus dem Labor oft noch bis zwei Uhr nachts zu Hause. 1897 begann sie gemeinsam mit ihrem Mann Pierre Curie ihre Forschungen zur Strahlung uranhaltiger Stoffe, die ein Jahr später zur Entdeckung des Radiums führten. Es folgten vier Jahre in einem zugigen Schuppen, der ihnen als Labor diente und in dem sie die Eigenschaften von Radium und Polonium, dem neuen, von Marie entdeckten Element, untersuchten. Curies hervorragende Leistungen und ihre Hingabe an die Wissenschaft wurden 1903 mit einem Nobelpreis für Physik und 1911 mit einem zweiten für Chemie gewürdigt. Sie war die erste Frau, die in Frankreich eine Universitätsprofessur erhielt und wurde schließlich eine der berühmtesten Wissenschaftlerinnen der Welt. Status und Geld bedeuteten ihr wenig. Als eine Verwandte anbot, ihr Hochzeitskleid zu bezahlen, erwiderte Marie: „Wenn du wirklich so nett sein willst, mir eines zu kaufen, dann such bitte ein praktisches dunkles aus, damit ich es hinterher noch anziehen kann, wenn ich ins Labor gehe." Sie starb mit 67 im Jahre 1934. Kurz vor ihrem Tode fasste sie ihre Arbeitsauffassung so zusammen: „Das Leben ist für keinen von uns leicht … Aber was soll's? Wir brauchen Beharrlichkeit und vor allem Selbstvertrauen. Wir müssen fest daran glauben, dass wir eine Begabung für etwas haben und dieses Etwas müssen wir erreichen, koste es, was es wolle." 1995 wurden die sterblichen Überreste von Marie und Pierre Curie in das Pariser Panthéon, die nationale Ruhmeshalle Frankreichs und Grabstätte berühmter französischer Persönlichkeiten, überführt. Marie Curie ist dort die einzige Frau. Ihr Bild in der Öffentlichkeit wurde lange Zeit maßgeblich durch die von ihrer Tochter Eve verfasste überhöhte biografische Darstellung bestimmt. Eve Curie stellte eine Frau dar, die sich ganz der Wissenschaft gewidmet hatte und der persönliche Niederlagen nichts anhaben konnten. Die Ablehnung der Aufnahme Marie Curies in die französische Akademie der Wissenschaften wurde beispielsweise nur beiläufig erwähnt.

Die Universität Hamburg zog 1985 in ihrem Begleitheft zur Ausstellung „Frauen in den Naturwissenschaften" das folgende Fazit: „Marie Curie ist wegen der von ihr erhaltenen Nobelpreise in Physik (1903, gemeinsam mit Pierre Curie und Becquerel) und Chemie (1911) die wohl bekannteste Physikerin. Weniger bekannt pflegen die Schwierigkeiten zu sein, auf die sie stieß: Sie wurde nicht zum Studium an der Warschauer Universität zugelassen, verdiente das Geld für ihre ersten Forschungen als Mädchenschullehrerin, und noch 1911 (!) wurde ihr die Aufnahme in die französische Akademie der Wissenschaften verweigert. [...]" Die Lebensgeschichte von Marie Curie zeigt ein hohes Maß an Resilienz – Zukunftsfähigkeit durch eine Kombination aus Differenzierung, Autonomie und Vernetzung. Ihr Lebensweg ist gekennzeichnet davon, seiner Berufung zu folgen und ihr immer wieder Zeit zu lassen, Chaos zu akzeptieren, neue Ordnungen herzustellen und nicht am Status quo festzuhalten. Ihre Biografie zeigt, wie sehr uns die Angst vor Veränderungen am Wachsen hindern kann.

Resilienz – von innen stark sein

Das Wort Resilienz, vom lateinischen resilio (abprallen, zurückspringen) abgeleitet, kommt aus der Physik und bezeichnet in der Materialforschung hochelastische Werkstoffe, die nach jeder Verformung wieder ihre ursprüngliche Form annehmen. Resilienz ist somit die Fähigkeit eines Systems, mit Veränderungen umgehen zu können. Ein anschauliches Beispiel für Resilienz im engeren Sinn ist die Fähigkeit eines Stehaufmännchens: Es kann sich aus jeder beliebigen Lage wieder aufrichten.

Der Begriff Resilienz wurde zuerst über eine Studie der amerikanischen Entwicklungspsychologin Emmy E. Werner und ihrem Team bekannt. Sie verfolgten 40 Jahre lang die Entwicklungsverläufe von fast 700 Kindern, die 1955 auf der Hawaii-Insel Kauai geboren wurden. Etwa ein Drittel von ihnen wuchs unter für ihre Entwicklung höchst riskanten sozialen Bedingungen auf. Werner und ihr Team fanden, dass etwa zwei Drittel dieser „Risiko-Kinder" höchst problematische Entwicklungsverläufe nahmen. Jedoch unerwartet wuchs ein Drittel der Risiko-Kinder zu kompetenten, psychisch gesunden, leistungsfähigen und zuversichtlichen Erwachsenen heran. Sie erwiesen sich als resilient gegenüber den Entwicklungsrisiken, die ihr Umfeld barg. Diese und andere Studien begründeten eine neue Forschungsrichtung: die Resilienzforschung. Resilient ist, wer die emotionale Stärke aufbringt, sich von Stress, Krisen und Schicksalsschlägen nicht brechen zu lassen, sondern das Beste aus jedem Unglück zu machen, daraus zu lernen und gerade durch die Leiderfahrung über sich selbst hinauszuwachsen. Die Widerstandsfähigkeit entsteht im Trotzdem. Dieser Satz nimmt Bezug auf ein Buch von Viktor Frankl: „Trotzdem Ja zum Leben sagen – Ein Psychologe erlebt das Konzentrationslager". Jeder Mensch und praktisch alle Organismen haben ein Immunsystem, das eine Schutzfunktion hat und die körperliche Unversehrtheit sowie die Existenz eines Lebewesens sicherstellen soll. Resilienz ist also in gewisser Weise vergleichbar mit dem körperlichen Immunsystem.

Unser Immunsystem entwickeln

Ein starkes seelisches und geistiges Immunsystem hilft, die Anforderungen des Berufs- und Privatlebens gut zu bewältigen. Die einzelnen Schutzfaktoren wirken präventiv und verstärken sich gegenseitig. Die Resilienz zu stärken bedeutet, das seelische und geistige Immunsystem zu stärken. Resilienz ist wie ein Muskel, der permanent trainiert werden muss. Jeder Mensch kann Resilienz erlernen und sie stärken. Die Resilienzforschung nennt zwei Faktoren, die sich positiv auf die Resilienzentwicklung auswirken: Eine durch

Sicherheit, Wärme und Perspektive geprägte Kindheit und die Eingebundenheit in eine sinnstiftende (meist religiöse) Gemeinschaft. Resilienz ist kein statischer Zustand, sondern ein Prozess im Wechselspiel mit der Umwelt, kann je nach Lebensphase variieren und ist situationsspezifisch.

Das Gegenstück zur Resilienz wird Vulnerabilität genannt. Vulnerabilität bedeutet, dass jemand besonders leicht durch äußere Einflüsse seelisch zu verletzen ist. Vulnerable Personen neigen besonders stark dazu, psychische Erkrankungen zu entwickeln. Wir brauchen Resilienz, um den täglichen Druck und Stress zu meistern, um mit Veränderungen, Krisen, Belastungen und Konflikten umzugehen, um mit der immer schneller werdenden Veränderungsdynamik und der steigenden Reizüberflutung zurechtzukommen, um am Leben zu wachsen und nicht zu zerbrechen. Ein resilienter Mensch kann seine Emotionen steuern und lässt sich nicht von ihnen beherrschen, lässt sich nicht von Misserfolg, Ablehnung oder Kritik entmutigen, ist flexibel und passt sich an Veränderungen an, konzentriert sich auf Lösungsmöglichkeiten, sieht Fehler als Entwicklungs- und Lernchance, übernimmt Selbstverantwortung, achtet auf körperliche, geistige und seelische Gesundheit.

Resilienzfaktoren

Sieben Resilienzfaktoren wurden von den US-amerikanischen Forschern Dr. Karen Reivich und Dr. Andrew Shatté zum ersten Mal in ihrem Buch „The Resilience Factor" dargestellt:

- Optimismus
- Akzeptanz
- Lösungsorientierung
- Selbstwirksamkeit
- Selbstverantwortung
- Zukunftsorientierung

- Netzwerkorientierung

Der Optimismus resilienter Menschen entsteht aus einer positiven Weltsicht und einem positiven Selbstkonzept. In Schwierigkeiten wird nach dem Guten gesucht, neue Situationen und Gegebenheiten werden als unerwartete Chancen gesehen und Enttäuschungen als Erfahrung gewertet. Unsere Grundhaltung und wie wir auf die Menschen in unserer Umgebung zugehen, bestimmt unsere Wahrnehmung. Wir sehen, hören und verarbeiten bevorzugt die Anteile, die wir erwarten und die unsere Vorannahmen bestätigen. Sich selbst positiv zu sehen, beruht auf dem grundsätzlichen Selbstvertrauen, dass eigene Kräfte und Fähigkeiten mobilisiert werden können, denn das Selbstwertgefühl ist weitgehend unabhängig von äußeren Einflüssen. Wer fest davon überzeugt ist, dass er es schaffen kann, ist viel eher bereit, erste (kleine) Schritte zu gehen und erhält dadurch Kraft für die nächsten, vielleicht schwierigeren Abschnitte. Sich seiner individuellen Stärken bewusst zu sein, stärkt wiederum das positive Selbstbild.

Akzeptanz üben heißt, all das zu integrieren, was mir das Leben bringt. Eine Grundvoraussetzung ist, unterscheiden zu lernen, was in meinen Einflussbereich fällt und was nicht. Jeder hat die Verantwortung für seine eigenen Gedanken, Gefühle und Taten. Akzeptanz bedeutet anzunehmen, was ich nicht beeinflussen und ändern kann. Wer bereit ist, durch diese Phasen (unerwartete Ereignisse, unverhoffte Wendungen, nicht erfüllte Lebensentwürfe) hindurchzugehen und seine Gefühle zuzulassen (Schmerz, Angst, Trauer) mehrt seinen persönlichen Erfahrungsschatz und erntet inneren Frieden. Was hinter uns liegt, hat einen Sinn, der sich oft erst in der Rückschau erschließen lässt. Diese Erkenntnis bahnt den Weg zu Versöhnlichkeit: gegenüber dem, was uns widerfährt, gegenüber anderen Menschen und nicht zuletzt uns selbst gegenüber mit unserer Biografie und all unseren erwünschten und unerwünschten Facetten. Resiliente Menschen besitzen Lösungsorientierung und verwandeln Probleme in Möglichkeiten und Chancen. Sie lenken ihre Energie darauf, erwünschte Ergebnisse zu erzielen, Ressourcen zu aktivieren, Verbesserungen zu schaffen bzw. neue und kreative Lösungen zu erzielen. Jeder konstruiert seine eigene Wirklichkeit: Ob wir etwas als Problem oder als Chance wahrnehmen, ist ein Ergebnis der eigenen Denkweise. Ziel ist, möglichst viele unterschiedliche Optionen zu entwickeln, um daraus eine angemessene Lösung zu wählen, oder aus verschiedenen Ansätzen eine neue, spezielle Lösung zu kreieren. Resiliente Menschen haben ein hohes Maß an Selbstwirksamkeit (Selbststeuerung) und besitzen die Fähigkeit, sich im Hinblick auf unterschiedliche Befindlichkeiten und Situationen angemessen zu steuern, sich je nach Bedarf zu aktivieren oder zu beruhigen. Durch die Regulierung der Gefühle kann man seinen Gemütszustand in Balance bringen, beispielsweise unter großem Druck ruhig und gelassen bleiben. Dies geschieht durch das Zusammenspiel beider Hirnhälften – dem schnellen Wechsel zwischen dem bewussten Verstand (links) und dem emotionalen Erfahrungsgedächtnis (rechts). Diese Wirkungsweise beeinflusst sowohl, welche Entscheidungen wir letztendlich treffen, als auch unsere Selbstmotivation. Resiliente Menschen besitzen ein hohes Maß an Selbstverantwortung, sie übernehmen Verantwortung für ihre Gedanken, Gefühle und Handlungen und können ihren Einflussbereich gut einschätzen und abgrenzen. Es stellt einen grundlegenden Antrieb dar, möglichst viel Kontrolle über das eigene Leben zu haben. Es ist kaum vermeidbar, und die meisten von uns finden sich irgendwann in ihrem Leben, oder vielleicht auch immer wieder einmal, in einer Opferrolle wieder. Wie sehr und wie lange wir jedoch unter den Gegebenheiten leiden, entscheiden wir selbst. Nach einiger Zeit sammeln wir unsere Kräfte, um Schritt für Schritt die Teile zu verändern, die dem eigenen Einfluss unterliegen.

Wir schränken uns selbst bzw. andere nicht mit Schuldzu-weisungen ein, gestehen uns auch Fehler zu und nehmen unser Leben in die Hand.

Die Freude an der Zukunft heißt Zuversicht

Resiliente Menschen haben Zukunftsorientierung. Für resi-liente Menschen bedeutet die Zukunft unabhängig von ihrer Vergangenheit neue Chancen und Möglichkeiten. Sie setzen von sich aus Initiativen und steuern ihre eigene Entwick-lung. Dabei ist es wichtig, Denkgewohnheiten und Voran-nahmen zu überprüfen, denn wir verhalten uns unbewusst so, dass unsere Einschätzungen möglichst bestätigt werden (Pfadabhängigkeit). Mit klarer Zielsetzung und Evaluierung der einzelnen Abschnitte verlieren resiliente Menschen die entscheidenden Absichten nicht aus den Augen. Visionen und überdauernde Wertevorstellungen geben Orientierung. Die schöpferischen Ideen des Unbewussten und der bren-nende Wunsch, sie zu verwirklichen, geben ihnen Kraft, Hindernisse zu überwinden und Rückschläge zu verkraften.

Resiliente Menschen haben eine intensiv ausgeprägte Netzwerkorientierung und wissen um die Bedeutung qua-litätsvoller Beziehungen. Solche aufzubauen und zu pflegen, getragen von Empathie und Wertschätzung, erzeugen Sy-nergieeffekte, schaffen Netzwerke unterschiedlicher Natur und bilden durch das Vermitteln von Zugehörigkeit einen stabilisierenden Faktor in ihrem Leben. Statt alles alleine zu bewältigen, schaffen sie sich unterschiedliche Stützsyste-me und ein Umfeld, in dem sie auf vielfältige Ressourcen zurückgreifen können. In resilienten Beziehungen herrscht eine Balance von Nehmen und Geben. Die Menschen sind bereit, ihr Wissen und ihre Fähigkeiten in die Gesellschaft einzubringen und sie schöpfen aus diesem Engagement wie-der Kraft für sich selbst.

Lernen von Hänsel und Gretel

Resilienz ist nicht einfach nur eine Fähigkeit, die man hat, oder die man nicht hat. Sie lässt sich trainieren.

Bestimmt kennen Sie das Märchen von Hänsel und Gretel. Hänsel und Gretel suchten so lange, bis sie aus dem finsteren Wald herausfanden, in dem die Eltern sie zurückgelassen hatten. Ihr Sinn lag im Überleben mit dem klaren Ziel vor Augen, wieder nach Hause zu finden und am Leben zu bleiben. Der Sinn liegt, wie wir von Viktor Frankl lernen, nur selten in einer Tätigkeit als solcher, sondern in ihren Ergebnissen. Der Gewaltmarsch durch den Wald und die Ausschaltung der bösen Hexe lösten ziemlich sicher keinen Flow bei den Geschwistern aus, sondern das Ergebnis ihrer Anstrengungen: nämlich gesund und munter (über mögliche Traumatisierungen soll hier geschwiegen werden) den Vater in die Arme zu schließen.

Annas Jugend war nicht leicht. Ihre Mutter war alkoholsüchtig, ihren leiblichen Vater sah sie nach der Scheidung ihrer Eltern kaum. Der Stiefvater verspielte sein Vermögen und als Anna ihm während ihrer Ausbildung ihren angesparten Lohn schenkte, in der Hoffnung, er würde sich bessern, verließ auch er die Familie – das „sinkende Schiff", wie er zu sagen pflegte. Annas jüngere Schwester war mittlerweile drogenabhängig und bettelte die Familie ständig um Geld an.

Doch Anna stabilisierte das Leben von Mutter und Schwester, machte die Lehre zu Ende und fand eine Stelle als kaufmännische Angestellte. Als sie mit Anfang 30 nur knapp einem Verbrechen entging, rappelte sie sich wieder auf und weigerte sich vehement, als traumatisiertes Opfer zu gelten. Die Schweizer Familientherapeutin Rosmarie Welter-Enderlin beschreibt Anna in ihrem Buch „Resilienz und Krisenkompetenz" als herzliche Frau, mit einer Menschen zugewandten Art. Sie beobachtete bei ihr keine Spuren von

Resignation oder irreparablen psychischen Verletzungen. Was zeichnet Menschen wie Anna aus?

Glückliche Beziehungen

Warum gelingt es manchen, nach Krisen wieder neu zu beginnen und optimistisch zu sein, während andere – wie Annas Schwester – straucheln? Beste Erkenntnisse lieferte die bereits angesprochene Studie von Emmy Werner. Emmy Werner und ihre Kollegen fanden viele Gründe für die „Unverletzbarkeit" bestimmter Kinder aus ihrer Studie. Der wichtigste war eine stabile Beziehung zu einem Erwachsenen außerhalb der Familie. Das war oft ein Lehrer oder ein Nahestehender, der dem Kind vermittelte: „Du bist wertvoll, du bist etwas wert, ich interessiere mich für dich und was aus dir wird." Auch die enge Beziehung zu einem Geschwisterkind half, die schlimme Vergangenheit hinter sich zu lassen. Eine Studie, in der Bielefelder Forscher die Faktoren für diese Unverletzbarkeit aufdecken wollten, kam trotz eines anderen Kulturkreises zu ähnlichen Ergebnissen: Bei resilienten Heimkindern zwischen 14 und 17 Jahren sorgten oft Bezugspersonen außerhalb der Familie für eine positive Entwicklung.

Viel Freiheit – klare Grenzen

Die Psychologin Jelena Obradovic von der Stanford University untersuchte 338 Kindergartenkinder, teils mit unruhigem, teils mit ruhigem Temperament – eine Eigenschaft, die zu etwa 50 Prozent angeboren ist und die Stressverarbeitung im Gehirn spiegelt. Das Ergebnis: Wenn die Familie fürsorglich war und das Leben stressfrei verlief, konnten die als „schwierig" bezeichneten unruhigen Kinder, die oft schlecht gelaunt und leicht ablenkbar waren, sogar bessere soziale und emotionale Kompetenzen entwickeln als ihre weniger sensiblen Altersgenossen. Solche Ergebnisse unterstreichen die Wichtigkeit der Familie. Besser gewappnet fürs Leben sind außerdem Kinder, die in Familien mit hohem Bildungsniveau und hohem sozioökonomischem Status aufwachsen oder deren Eltern eine harmonische Paarbeziehung führen. Ein sogenannter autoritativer Erziehungsstil, bei dem Kinder viel dürfen, aber auch klare Grenzen gesetzt bekommen, ist ebenso förderlich wie ein großer Freundeskreis und hilfsbereite Nachbarn. Zudem sind Kinder aus Familien, die religiös sind oder über ein starkes Wertesystem verfügen, resilienter als Altersgenossen, die ohne Spiritualität aufwachsen.

Anne Sanders von der University of Michigan beobachtete bei einer Studie 2008, dass afroamerikanische Familien, die in Armut leben und religiös waren, sich mehr Unterstützung bei sozialen Einrichtungen holten, als in Armut lebende Familien ohne spirituelle Zugehörigkeit. Ein Zeichen dafür, dass Erstere nicht resignierten, sondern sich Hilfe organisierten. Die Eltern-Kind-Beziehung war bei ihnen außerdem positiver als bei Familien ohne religiösen Hintergrund. Auch ein sicherer Bindungsstil ist ein wichtiger Schutzfaktor, allerdings widerspricht die Resilienzforschung hier der klassischen Bindungsforschung: Die erste Bindungserfahrung zu einem Menschen, meist der Mutter, macht ein Kind in den ersten Lebensmonaten. Je nachdem, wie die Mutter auf die Bedürfnisse des Kindes wie Hunger oder Müdigkeit reagiert, entwickelt es eine sichere oder unsichere Bindung. Eltern wollen ja eigentlich immer das Beste für ihr Kind. Trotzdem misslingt die Bindung leicht, meist durch äußere Umstände (Stress bei der Arbeit und in der Beziehung oder ein unsicheres Bindungsverhalten der eigenen Eltern). Viele Erziehungswissenschaftler sind allerdings überzeugt, dass für die Ausbildung von Resilienz nicht die frühe Bindung an sich ausschlaggebend ist, sondern, ob das Kind darüber hinaus positive Beziehungserfahrungen macht. Die viel beschworenen ersten drei Lebensjahre eines Menschen sind also wichtig, aber was danach passiert, kann die frühkindlichen Erfahrungen abschwächen oder überformen. Jugendämter, Kindergärten, Schulen und Heime sollten also unbedingt aus der Forschung lernen. Es gibt Studien, die rufen dazu auf, bereits im Kindergarten und später in der Schule auf klare Regeln, ein wertschätzendes Klima und einen angemessenen Leistungsstandard zu setzen.

Fordern statt in Watte packen

Die Resilienzförderung ist in der Praxis noch nicht wirklich angekommen. In der Schule wird benotet und das ist auch wichtig, aber es wird immer noch wenig gelobt. Das heißt natürlich nicht, dass man Menschen in Watte packen soll, um sie psychisch stabil zu machen. Man darf den Menschen auch immer wieder etwas abverlangen, um sie an ihren Aufgaben wachsen zu lassen. Kein Mensch braucht nur Kritik und niemand braucht nur Lob. Respektable und außergewöhnliche Leistungen anzuerkennen, ist zunächst einmal nichts Falsches. Jeder Mensch, jeder Mitarbeiter braucht Anerkennung. Was aber, wenn das Lob dazu führt, dass die Mitarbeiter ihre Aktivitäten davon abhängig machen, ob sie gelobt werden – oder nicht? Wenn Lob mithin zum alleinigen Motivator für Leistungen wird?

Der Geschäftsführer eines Unternehmens mit 70 Mitarbeitern erzählte uns, dass seine langjährige Sekretärin für ihn gefühlt von heute auf morgen Dienst nach Vorschrift versah. Als er sie darauf ansprach, brach sie in Tränen aus und die Vorwürfe sprudelten nur so aus ihr heraus: In einer besonders stressigen Woche habe er gleich mehrmals übersehen, sich bei ihr zu bedanken und sie zu loben: für das fehlerfreie Protokoll, für die ansprechend gestaltete Präsentation, für die reibungslose Organisation der Vorstandssitzung, für ihre Eigeninitiative zum runden Geburtstag des

Eigentümers eine Torte zu organisieren ... „Wenn plötzlich alles zur Selbstverständlichkeit wird, dann weiß ich nicht mehr, wozu ich das alles mache, außerdem weiß ich nicht, ob ich meine Arbeit gut oder schlecht mache ...", ließ sie den überraschten Geschäftsführer wissen.

Wer immer nur gelobt wird, ist irgendwann nicht mehr in der Lage, eigeninitiativ zu handeln. So wie wir vor lauter Regelwerk das eigenständige Denken verlernen. Es besteht die Gefahr, dass ein Mensch so und nicht anders handelt, nur weil er gelobt werden möchte. Mitarbeiter könnten nur deshalb höflich und zuvorkommend zu Kunden sein, weil sie sich lobende Worte vom Vorgesetzten erhoffen. Dies wäre jedoch wenig zielführend und kontraproduktiv, denn zu viel Lob nutzt sich schnell ab. Auch hier gilt offenbar: Die Dosis macht das Gift und wollte man eine Regel aufstellen, dann hieße sie wohl: Loben Sie dosiert und dann, wenn es gerechtfertigt ist. „Frau Müller, ich muss Sie heute mal loben!". Der Chef „muss" loben? Wie das wohl bei der Mitarbeiterin ankommt, die sich zu Recht fragt, ob der Chef wirklich hinter dem Lob steht. Oder: „Herr Schmitt, toll, wie Sie das Reklamationsschreiben beantwortet haben!" Wenn der Chef Mitarbeiter dafür lobt, dass sie ihren normalen Pflichten ohne größere Fehler nachkommen, fühlen diese sich womöglich auf den Arm genommen und nehmen das Lob nicht wirklich ernst.

Lob braucht einen Grund

Ein spezifisches Lob ruft größere Motivation hervor als ein Pauschallob. Der Vorgesetzte sollte nicht sagen: „Sie sind richtig gut!", sondern: „Sie sind eine sehr gute Unterstützung bei Preisverhandlungen!" Allgemein gehaltene Aussagen können Motivation sogar verhindern, denn durch die allgemein gehaltene Anerkennung verinnerlichen wir etwas als Tatsache und Selbstverständlichkeit. Die Motivation, sich zu verbessern, entfällt. Tragen Sie Ihr Lob deshalb möglichst detailliert vor und begründen Sie es. Verzichten Sie auch darauf, Ihre Mitarbeiter vor dem gesamten Team zu loben und setzen Sie keinen Lob-Wettstreit in Gang, bei dem es Sieger und Verlierer gibt. Loben Sie besser unter vier Augen. Selbstverwirklichung versus Sinnverwirklichung anerkennen, loben und fordern, statt Menschen in Watte packen – dafür plädieren wir. Vor der Frage, wie und womit wir unsere Mitarbeiter bestmöglich fordern können, sollten wir uns die Frage stellen: „Wofür arbeiten wir eigentlich?" Wenn der Mensch auf der Suche nach Sinn ist, mit seinem Leben etwas Sinn-volles anstellen will, so will er dies nicht nur in seiner Freizeit, sondern auch, wenn er arbeitet. Wie können wir erreichen, dass die Menschen in ihrem (Arbeits-) Tun Sinn sehen? Viktor Frankl dachte bei der Verwirklichung von Sinn definitiv an keinen Egotrip. Hahn (Hahn 1994, S. 43) schreibt dazu: Wer auf Selbstverwirklichung aus ist, rückt sich selbst in den Mittelpunkt. Sinnverwirklichung, zu der die Logotherapie verhelfen will, lässt den Menschen von sich selbst absehen und macht den Blick frei für den Nächsten, für Situationen im gesellschaftlichen und politischen Leben, in denen ich gefordert bin.

Sinn-Verwirklichung

Für Frankl geht es um Sinn-Verwirklichung, nicht um Selbst-Verwirklichung. Selbstverwirklichung ist ein Nebenprodukt von Sinnverwirklichung. Selbstverwirklichung stellt sich dann von selbst ein als eine Wirkung der Sinnerfüllung, aber nicht als deren Zweck. Nur Existenz, die sich selbst transzendiert, kann sich selbst verwirklichen, während sie, die selbst bzw. Selbstverwirklichung intendierend, sich selbst nur verfehlen würde (Frankl 1987). Es geht darum, sich etwas – jemandem anderem, einer Idee oder einer Sache – hinzugeben, das nicht man selbst ist, deren direktes Ergebnis nicht auf einen selbst fällt, etwas, das größer ist als man selbst. Dies meint Selbsttranszendenz. Der Mensch kommt nicht zu sich selbst, wenn er beständig um sich kreist, sich selbst beobachtet. Nach Frankl kommt der Mensch nur zu sich selbst, wenn er sich abwendet, von sich weg sieht, sich einer Person, Idee oder Sache zuwendet. Die Abwendung von sich und die Zuwendung zu einer konkreten Lebensaufgabe entsprechen einander in der Logotherapie. Dereflexion will dem Menschen demnach die Augen öffnen, dass er frei wird zur wesentlichen Gestaltung seines Lebens. In der Fähigkeit zur Selbsttranszendenz kommt die Weltoffenheit des Menschen zum Ausdruck (Hahn 1994, S.46).

Selbstverwirklichung – wirklich bei sich selbst sein

Ende der 1950er-Jahre gab es einen wissenschaftlichen Disput zwischen Frankl und Abraham Maslow bezüglich Selbstverwirklichung. 1966 schrieb Maslow ein Paper, in dem er Stellung bezog mit dem Fazit: „Dr. Frankl is right." Frankl nennt drei Wertekategorien, die es dem Menschen ermöglichen, Sinn zu verwirklichen: schöpferische Werte, Erlebniswerte und Einstellungswerte. Schöpferische Werte meint Aktivitäten aus der Person heraus, etwas (Materielles) zu erschaffen, also von sich nach außen, beispielsweise eine Idee in ein Produkt umzusetzen. Mit Erlebniswerten ist das Erleben gemeint, das von außen auf die Persönlich wirkt: Natur, Musik, Kunst, Beziehungen zu anderen Menschen. All das kann zu einem Erlebnis voller Wert werden, was sich beispielsweise in einer ganz typischen Aussage widerspiegelt: „Der Job ist zwar öde und langweilig, aber die Leute sind so nett. Ich würde den Job wegen der Menschen dort nie aufgeben."

Lust am Tun

Bei den Einstellungswerten geht es um die Haltung zu Dingen oder Ereignissen, die wir nicht ändern können. Wenn wir wollen, dass die Menschen in ihrem Tun im Kontext Arbeit Sinn finden, dann gilt es, die drei Wertekategorien mit Selbsttranszendenz zu verbinden. Also das Wirken an etwas, das nicht nur für sie selbst ist, sondern das etwas Wichtiges, etwas Einzigartiges ist und das im Kontext von etwas Größerem steht. Spielen Sie in Ihren Gedanken folgende Vorschläge durch, am besten am Beispiel Ihres eigenen Unternehmens, in dem Sie Führungskraft und/oder Mitarbeiter sind. Was brauchen wir dafür?

1. Für die schöpferischen Werte:
- Produkte/Projekte, die erfolgreich abgeschlossen/umgesetzt werden, statt dem ewigen Kreislauf von Konzepterstellung,
- Machbarkeitsstudien, Zurück an den Start, Konzepterstellung zu folgen.
- Das Umsetzen eigener Ideen statt dem bloßen Ausführen von Vorgaben.
- Einen Beitrag zum Ganzen leisten zu dürfen, statt nur kleine zusammenhanglose Tätigkeiten ausführen zu können.

2. Für die Erlebniswerte:
- Die Möglichkeit, das „Eingebundensein" in einem Team zu erleben.
- Auch im Kontext Arbeit als Mensch mit Bedürfnissen wahrgenommen zu werden.
- Das Erleben und Feiern von konkreten Erfolgen: statt synthetischer Events Besuche im Hochseilgarten etc.
- Das Spüren von Vertrauen und „dass mir jemand etwas zutraut", aber auch gefordert werden, „dass mir jemand etwas mehr zutraut, als ich mir selber zutraue".

3. Einstellungswerte:
- Ehrlich vermittelt und erläutert zu bekommen, warum etwas wie Globalisierung, Flüchtlingskrise oder Marktdruck unabänderlich ist und welche konkreten Folgen das für die Organisation hat, statt
- Vorschieben dieser Buzzwords als Ausrede für Managementversagen.
- Entscheidungen so vermittelt zu bekommen, dass der Sinn für einen persönlich erkannt werden kann, auch wenn dies „Schicksalsschläge" (wie Entlassung etc.) sind.

„Arbeit ist keine primäre menschliche Eigenschaft. Betätigungslust ja. Arbeit nein" (Alexander Kluge). Und dennoch: Es gibt keinen Grund, schlecht gelaunt einen sinnlosen Job zu machen, den man jeden Tag hasst. Keinen vernünftigen zumindest.

Bildung und mehr

Und wie sieht es aus mit: Bildung?

Das lernen Kinder und Studenten heute: Abhängigkeit von der Meinung anderer. Die Lehrer sagen, was die Schüler lernen und denken sollen. Fortwährende Beurteilung ihres Verhaltens und ihrer Leistungen. Fokus auf Schwächen: Konzentration auf das, was die Schüler nicht so gut können. Die Sachen, die sie gut können oder die ihnen leicht von der Hand gehen, werden nicht gefördert, da fällt maximal ein Lob ab, aber Talent wird nicht weiter gefördert oder ausgebaut. Rangordnung in der Gesellschaft: Schüler werden in Leistungsgruppen zusammengefasst – da lernen sie gleich, wo ihr Platz in der gesellschaftlichen Pyramide ist. (Was soll aus jemandem in der schlechtesten Leistungsgruppe schon Großartiges werden?)

Wie die Maurer sein: Klingelt die Pausenglocke, wird alles fallen gelassen. Die Schüler lernen, dass Pause wichtiger ist als Arbeit und dass keine noch so interessante Unterrichtsstunde es wert ist, auf die Pause zu verzichten. Pause ist schön, Unterricht nicht (da lernen sie gleich, wie später ihre ideale Work-Life-Balance anzulegen ist).

Wer wird warum Lehrer?

Lehrer sein zu dürfen, galt früher als Privileg. Im Laufe der Zeit wurde dieses Berufsbild derart unattraktiv gemacht, dass es nicht immer die Besten sind, die diesen Beruf ausüben und ihn als Berufung sehen. Kritik am Bildungssystem wurde genug geübt, trotzdem erklärt sich aus der Ist-Situation ein wenig, weshalb wir vielfach so schlecht in der Realität bestehen und so wenig für die Zukunft gerüstet sind. Den Leistungsträgern von morgen werden sämtliche Fähigkeiten gründlich ausgetrieben, die sie in der Arbeitswelt von morgen dringend bräuchten: Kreativität, Selbstbewusstsein, Erfolgsorientiertheit, Mut zum Anderssein und Andersdenken. Weiterentwicklung ist ungemein wichtig. Sie motiviert die Mitarbeiter und hilft, sie an das Unternehmen zu binden. Sich weiterzuentwickeln heißt aber nicht nur aufzusteigen, sondern auch dazuzulernen. Nur wer sich für kompetent genug hält, der größeren Verantwortung gerecht zu werden, sieht darin einen Anreiz.

Beste Bildung für alle – dieses Prinzip steht außer Frage. Bildungsqualität – das scheint als Anspruch selbstverständlich. Was das heißt, was das ist, welche Ziele, Inhalte, vor allem persönliche, humane, soziale Dimensionen damit angesprochen werden, darüber muss der öffentliche Diskurs geführt werden. Langsam scheint hier ein wenig Bewegung in das System zu kommen. So schillernd und vieldeutig der Begriff „Bildung" ist, so selbstverständlich sollten einige Grundfragen sein. Natürlich hat das öffentlich-rechtliche Bildungswesen den Auftrag, jungen Menschen in unserem Lande die „Basics" für persönliche Lebensführung, berufliche Perspektiven und Beteiligung an gesellschaftlichen Entwicklungen beizubringen. Dazu zählen zweifellos der Umgang mit Sprache und Schrift, mit Zahlen und logischen Strukturen, wahrscheinlich Grundkenntnisse einer Fremd-, besser Zweitsprache (Englisch) und der Umgang mit Medien, insbesondere mit interaktiven virtuellen Netzwerken. Auch wenn die Frage umstritten ist, wie weit Schule Erziehungsaufgaben übernehmen kann – der prägende und unverzichtbare Beitrag zur Entwicklung der Persönlichkeit junger Menschen durch schulische Bildung ist zweifellos gegeben. Wenn familiärer Hintergrund und soziale Umgebung immer häufiger diese Aufgabe nicht mehr erfüllen, wachsen der Schule als Lebensraum neue Aufgaben zu, die sie nicht abweisen kann. Je nach individueller Situation, sozialem Rahmen und individuellen Lebensperspektiven kann es legitimerweise dazu unterschiedliche Zugänge geben, was den Anspruch auf differenzierte Angebote im Bildungswesen nicht nur rechtfertigt, sondern erfordert. Ob zwei

Bildungspfade ab einer bestimmten Schulstufe die optimale Lösung darstellen, oder ob andere, integrierende, individualisierte, differenzierte Formen tauglicher sind, das ist derzeit in heftiger Diskussion. Vorher sind ohnehin einige grundsätzliche Prinzipien und Kriterien zu hinterfragen. Was ist mit Gleichbehandlung, Gerechtigkeit, Gleichheit?

Gleichbehandlung

Von welcher weltanschaulichen Perspektive man die Frage der Bildung auch betrachtet, an der Frage, Menschen unabhängig von sozialer Herkunft, persönlicher Disposition, regionaler Umgebung grundsätzlich vergleichbare Bildungschancen zu bieten, kommt man, mit welchen Ergebnissen auch immer, nicht vorbei. Ob man die in den europäischen Dokumenten verwendeten Begriffe „Equity" und „Efficiency" als „Gerechtigkeit", „Gleichheit", „Billigkeit", „Fairness" bzw. „Effizienz" oder „Effektivität" interpretiert, mag vom jeweiligen Zugang abhängen, fordert jedoch grundsätzlich dazu heraus, sich der vielschichtigen, aber auch wiederum sehr klaren Ansprüche an das Bildungswesen bewusst zu werden.

Gerechtigkeit

Wenn das öffentlich-rechtliche Bildungswesen für die Zeit, die es als Schulpflicht verbindlich vorgibt, nicht den Anspruch erhebt, allen Kindern und Jugendlichen grundsätzlich vergleichbare, zumutbar erreichbare Bildungsangebote zu erbringen – wer dann? Das heißt nicht, dass nicht für unterschiedliche regionale Rahmenbedingungen, soziokulturelle Umgebungen, wirtschaftliche und berufliche Möglichkeiten unterschiedliche Antworten und Lösungen gefunden werden können – sie sollten jedoch gemeinsamen Prinzipien und Kriterien entsprechen und prinzipiell allen in allen Regionen alle grundlegenden Bildungsoptionen bieten. Dies ist zumindest derzeit in Österreich, insbesondere auf Ebene Sekundarstufe I, nicht gewährleistet – und das zudem in extremen Schwankungsbreiten. Dazu nur einige wenige Beispiele: Wenn das „differenzierte" Schulsystem – AHS-Unterstufe (Langform) und Hauptschule – eine „Wahlmöglichkeit" für Eltern, Familien und Schüler darstellt, die unterschiedliche Leistungsdispositionen anspricht, wie ist es zu rechtfertigen, dass die Verteilung von AHS-Unterstufen- und Hauptschülern in manchen Regionen zwischen nahe hundert zu null und null zu hundert schwankt? (In etlichen Bezirken Österreichs gibt es kein zumutbar erreichbares AHS-Unterstufen-Angebot) – abgesehen von diesen Extremen sind die Verhältnisse 70 zu 30 oder 30 zu 70 in vielen Regionen weit verbreitet. Wenn die Behauptung zutrifft (sie ist gut begründbar), dass die Hauptschulen „am Land" ja so gut sind, dann ist allerdings die strukturelle Unterscheidung der Schularten auf Sekundarstufe I mit wortgleichen Lehrplänen, aber unterschiedlicher Lehrerbildung, verschiedenen Dienstrechten, Besoldung, letztlich auch Image, nicht wirklich schlüssig zu argumentieren.

Jedenfalls ist evident, dass in Regionen, in denen kein AHS-Unterstufen-Angebot existiert, nicht der gleiche universitäre Hintergrund der Lehrerbildung wirksam ist, möglicherweise nicht die gleiche Fachexpertise bei Lehrern gegeben ist, sicher etwa kein Angebot an Latein erstellt wird etc. Umgekehrt wird in Regionen, in denen die Hauptschule für die meisten der Eltern keine akzeptable Option darstellt, den Schülern weitgehend das Angebot von zeitgerechter Berufsorientierung versagt, da die AHS, obwohl gesetzlich ebenso dazu verpflichtet wie die Hauptschule, diese Aufgabe mangels ausreichend ausgebildeter Lehrer – manchmal auch aus falsch verstandenem Eigeninteresse, weithin nicht wahrnimmt. Dies stellt einen wesentlichen Nachteil bei der Wahl weiterer Bildungs- und Berufswege dar. Der Hinweis auf die

Durchlässigkeit ist zu prüfen: Etwa wie viele Hauptschüler während der Unterstufe von der Hauptschule in die AHS wechseln (oder umgekehrt), über die Schullaufbahnen und Möglichkeiten der Durchlässigkeit zwischen den verschiedenen Ausbildungssystemen existieren keine nachvollziehbaren Gesamtdarstellungen. Jedenfalls ist klar, dass ein hoher Prozentsatz (städtisch plus/minus 50 Prozent) der AHS-Unterstufen-Schüler nach der 8. Schulstufe die Schulart wechseln und dass der Zugang aus der AHS-Unterstufe zu anderen als vollzeitschulischen Ausbildungen – betriebliche Berufsausbildung – praktisch null ist; systematische Untersuchungen über die Bildungsverläufe von „dropouts" oder „early school leavers" existieren praktisch nicht. Vielleicht noch gravierender ist die völlig fehlende Vergleichbarkeit von Bildungsergebnissen und Qualität auch im Verhältnis zu Zertifikaten und Berechtigungen.

Auch wenn jetzt mit „Bildungsstandards" diesem Problem zu Leibe gerückt wird – der Umstand, dass extrem divergierende Leistungen an unterschiedlichen Standorten, in unterschiedlichen Klassen, ja bei verschiedenen Lehrer-Persönlichkeiten zu gleichen Notendurchschnitten führen (gut belegt durch PISA) und umgekehrt für vergleichbare Leistungen gänzlich verschiedene Berechtigungen – etwa zum Einstieg in weiterführende Schulen oder in postsekundäre und tertiäre Ausbildungswege – verliehen werden, widerspricht grundlegenden Prinzipien der Gerechtigkeit. Es gibt keinerlei Belege dafür, dass es konsistente Relationen in messbaren Dimensionen der Bildungsergebnisse zwischen den unterschiedlichen Bildungsangeboten auf Sekundarstufe I gibt. Dies gilt im Prinzip auch für die Sekundarstufe II. Dem Prinzip der „Equity" im Sinne von Gerechtigkeit kann jedenfalls diese Form der systemischen Differenzierung nicht gerecht werden.

Gleichheit

Natürlich sind nicht alle Menschen „gleich" in ihren Begabungen, Talenten und Interessen. Den gleichen Anspruch für alle auf Bildung, das gleiche Anrecht, in ihrer höchst persönlichen Individualität akzeptiert, erkannt und gefördert zu werden, und zwar in allen Ausprägungen und Dimensionen, das sind jedoch wichtige Grundprämissen für den öffentlichrechtlichen Bildungsauftrag. Natürlich geht es nicht um die Gleichheit der „Bildungsergebnisse". Gerade das Prinzip der „Individualisierung" drückt ja den Anspruch aus, persönliche Eigenheiten, unterschiedliche Talente und Begabungen anzusprechen und dadurch zu einer stärkeren Entfaltung, damit auch Differenzierung persönlicher Leistungsdimensionen und Bildungsambitionen beizutragen. Das ist das Gegenteil von Gleichmacherei. Allerdings ist der gleiche Anspruch einzufordern – das trifft sich mit dem Prinzip der „Equity" – als Person mit den eigenen, ganz individuellen Talenten und Potenzialen erkannt und akzeptiert zu werden, und – im zumutbar leistbaren Ausmaß – auch individuell herausgefordert und gefördert zu werden, und zwar so, dass das mit dem eigenen Leben, mit möglichen Perspektiven, auch mit künftigen Bildungs- und Berufswegen sinnvoll verbunden werden kann. Der Anspruch der „Gleichheit" führt also gerade nicht zu „gleichen" Angeboten für alle. Er führt – aufbauend auf den grundlegenden „Basics" zu Optionen, die mit vergleichbaren Qualitätsansprüchen in unterschiedlichen Interessensfeldern, Themenbereichen, Bildungsdimensionen höchst persönliche Entwicklungsmöglichkeiten bieten. Das hat naturgemäß pragmatische Grenzen – es ist nicht möglich, für jeden jungen Menschen einen eigenen individuellen Lehrplan oder eine eigene Schule zu konzipieren, wenn auch gelingende Integrationsmaßnahmen in Schule und Berufsausbildung aufzeigen, wie so etwas gehen könnte.

Das Prinzip jedoch, innerhalb der Organisationseinheiten – Schulen – Bildungsangebote als Optionen zu offerieren und in Verbindung mit sorgsamer Beratung, Orientierung und Begleitung Jugendliche zu eigenständigen, selbstverantworteten Bildungswegen zu führen, das hat sich in vielen Ländern eindrucksvoll bewährt. Letztlich kann eine Mischung von Vorgangsweisen diesem Ziel am nächsten kommen: Vergleichbarkeit im Ergebnis in einigen, konsensual abgestimmten Bereichen („Standards") – deren Erreichung ist vom System Schule als Leistung auch nachvollziehbar zu belegen – und Offenheit für individuelle, an Begabungen und Interessen orientierte Bildungswege, nach klaren Qualitätskriterien in Inhalt, Didaktik, Beratung und Begleitung.

Wo sind Effizienz und Effektivität in der Bildung?

Effizienz und Effektivität sind zwar ökonomische Kategorien, hier geht es uns aber nicht um die vordergründige „Ökonomisierung" des Bildungswesens. Es geht schlicht darum, die zur Erreichung bildungspolitischer Ziele verfügbaren (oder vermehrbaren) Ressourcen so einzusetzen, dass sie im Sinne der Bildungsaufgabe die beste Wirkung erzielen. Dazu muss man sich zuerst über Ziele im Klaren sein, sich auch überlegen, wie man das Erreichen von Zielen bewertet oder „misst", man muss Prioritäten setzen (es steht nie für alles genug Geld zur Verfügung), muss sich Konsequenzen für das Nicht-Erreichen – auch für das Übertreffen – gesetzter Ziele überlegen und dann Struktur-, Organisations- und Bildungsprozesse – um die es im Kern geht – so gestalten, dass die eingesetzten Mittel die besten Wirkungen erzielen.

Hier sind schon vor Jahren, im Zusammenhang mit den TIMSS-Studien, offene Fragen aufgetaucht. Österreich hat im internationalen Vergleich eine relativ „billige" Primarstufe, liegt mit der Sekundarstufe I im Mittelfeld und leistet sich eines der teuersten Oberstufensysteme. Die Ergebnisse aus TIMSS – natürlich stellt das nur einen Betrachtungsfokus von vielen möglichen dar – zeigen gerade die entgegengesetzte Tendenz: Die vergleichsweise besten Ergebnisse erzielt die Primarstufe, während Sekundarstufe I und – noch stärker – Sekundarstufe II deutlich abfielen.

Zwei internationale Dokumente bieten hier hilfreiche, wenn auch bestürzende, Orientierung. Das Dokument der EU-Kommission „Effizienz und Gerechtigkeit" weist auf den Ertrag von Bildungsinvestitionen in verschiedenen Phasen des „Lebenslangen Lernens" hin. Eine klare Erkenntnis ist, dass der Ertrag umso höher ist, je früher die Investition erfolgt, insbesondere auch in Hinblick auf Ausgleich unterschiedlicher sozialer Voraussetzungen. Den höchsten Ertrag erzielt eine qualitativ hochwertige Vorschulbildung, also jener Bereich, der in Österreich derzeit neu geregelt wird, für deren umfassende und wirksame Gestaltung aber offensichtlich das Geld fehlt. Umgekehrt ausgedrückt: Was an frühen Investitionen in diese Bildungsphase versäumt wird, kostet später doppelt, drei- oder mehrfach, nicht nur im Bildungswesen, auch im Sozial-, Rechts- und Gesundheitsbereich, ganz abgesehen von der sozialen, humanen und gesellschaftspolitischen Dimension von versäumten Bildungschancen. Ergänzt wird dieser Befund durch eine Studie der OECD zum Thema „Public Spending Efficiency". In dieser Studie werden klare Zusammenhänge zwischen Effizienz- und Zentralisationsgrad, zwischen Grad der Autonomie in finanziellen und personellen Fragen und Bildungsqualität sowie klaren Zielsetzungen, Überprüfungen und Controlling-Schleifen aufgezeigt.

Auch wenn man über Parameter und deren Aussagekraft debattieren kann: Der Umstand, dass Österreich bei nahezu allen Indikatoren, insbesondere bei verknüpfter Betrachtung, an letzter Stelle liegt, gibt zu denken. Auch wenn das allein noch keine Aussage über die Qualität des Bildungswesens ist – dass wir Geld verschwenden, das besser zur Zielerreichung einer qualitätsvollen Bildung im Lande wirksam werden könnte, das scheint außer Frage zu stehen. All das sollte dazu anregen, sich grundsätzlich und pragmatisch, gestaltungsorientiert mit notwendigen Veränderungen im Bildungswesen auseinanderzusetzen, zuallererst natürlich mit den ganz persönlichen Begegnungen zwischen Pädagogen und Pädagoginnen und Kindern und Jugendlichen, aber auch mit Strukturen und Rahmenbedingungen, die diese bedingen, ermöglichen und beeinflussen.

Der Befund, zum Beispiel, dass ein höherer Autonomiegrad bessere Bildungsqualität erreichen hilft, ist europäisch weithin evident; er wird gestärkt durch die umfangreiche Studie im Auftrag der EU-Kommission „Explaining Student Performance" . Diese Studie kommt auch zum wesentlichen Ergebnis, dass das frühe Teilen der Schülerinnen und Schüler in unterschiedliche Bildungspfade soziale Unterschiede verstärkt, sich jedoch nicht in der durchschnittlichen Leistungsfähigkeit, auch nicht in Spitzenleistungen und der Bildungsperformance sozial Benachteiligter, niederschlägt. Hilfreich könnte auch die Erkenntnis dieser Studie sein: „Equality is not Opposed to Quality". Es kommt darauf an, wie faire Chancen für alle ermöglicht werden, wie innere Differenzierung gelebt wird und wie individuelle Ansprüche an Bildung und Bildungsqualität stützend, fördernd, fordernd umgesetzt werden. Das ist eine Herausforderung für alle Beteiligten und Betroffenen, insbesondere die Lehrenden, deren Qualifizierung, aber auch persönliche Haltung und Einstellung von allergrößter Bedeutung ist. Die strukturellen, organisatorischen, dienstrechtlichen und atmosphärischen Rahmenbedingungen müssen ermöglichen, dass diese persönliche Kompetenz der Lehrenden bestmöglich eingesetzt werden kann. Womit wir wieder beim Anfang wären: Bildungsqualität und

Gleichbehandlung, Gerechtigkeit und, Effektivität, das sind nicht nur keine Gegensätze, diese Prinzipien bedingen einander. Jede Entwicklung des Schul- und Bildungswesens, auch jedes Modellprojekt, ob an Schulen oder in Regionen oder national, wird daran zu messen sein.

Die Arbeit und wir –
Partnerschaft mit Zukunft

Szenen einer Ehe – wie geht es weiter mit uns und der Arbeit?

Wir haben uns einiges vorzuwerfen, die Arbeit und wir. Mitarbeiter, Vorgesetzte, Gesetzgeber. Aber die Frage ist: Wie finden wir (wieder) zusammen? Paartherapeuten würden an der Basis ansetzen, am gegenseitigen Verständnis arbeiten, einander wirklich einmal zuhören, was der andere will, welche Bedürfnisse er hat – und was das Gegenüber bereit und in der Lage ist, zu geben. Die rosarote Brille abnehmen also und sich der Realität stellen.

Realitätssinn als oberstes Prinzip

Fehlender Realitätssinn im Job- und Führungsalltag tritt vielfältig auf. Er tritt auf in Form von abgehobenen Change Management Projekten, die Unternehmen und Mitarbeiter an ihre Sollbruchstellen bringen. Er tritt auf ihn Form von zeitaufwendigen Assessments und der Einführung von unzähligen Kontrollinstrumenten, die die Unsicherheiten wirtschaftlichen Handelns vermeintlich reduzieren oder ausschalten sollen, tatsächlich aber ein unglaubliches Maß an Ressourcen binden und zu Demotivation und Überforderung führen. Nicht nur das. Die erdrückende Bürokratie und der grassierende Kontrollwahn in unseren Unternehmen und staatlichen Einrichtungen trainieren uns nachhaltig das Nachdenken und das Entscheiden ab. Der Dokumentarfilmer Hanno Settele widmete dem alltäglichen Kontroll- und Verbotswahn eine launige Dokumentation: „Die Lust alles zu regeln". Thunfisch geht gar nicht mehr, Schnitzel ausnahmsweise, aber nur Bio und mit Allergiewarnung. Rauchen? Hier sicher nicht! Radfahren? Helm nicht vergessen! Autofahren? Bitte immer mit Tempomat, und sorry, aber hier ist Begegnungszone. Das N...-Brot muss politisch korrekt umbenannt werden und darf keine Menschheitsgruppen mehr ansprechen, und Verzeihung, bitte in keinem Text auf das Binnen-I vergessen. Politiker sind in diesen Tagen sehr dankbar für dieses Erfordernis, beansprucht die Ansprache „Arbeitnehmer und ArbeitnehmerInnen", „Bürger und BürgerInnen", „Wähler und WählerInnen" ganz viel Redezeit, welche man dann bei Inhalt und Wahrheit einsparen kann. Das Formale oder Formalistische wird zum handlungsleitenden Element – egal, was der Inhalt ist. Zahlreiche Gebote und Verbote dominieren unser Leben. Muss uns der Staat wirklich vor uns selbst schützen oder steuern wir immer mehr auf eine freudlose, mutlose, gedankenlose Welt zu, in der wir entmündigt und infantilisiert werden? Settele sieht sich dabei etwa das Rauchverbot genauer an, das in seiner Konsequenz die Bevölkerung spaltet. Trifft auf Kleinunternehmer, die sich mit immer absurderen Auflagen herumschlagen müssen, fragt nach, wie weit Political Correctness in ihrem Streben nach einer wertungsfreien Welt gehen darf oder listet absurde EU-Verordnungen und ihre Hintergründe auf. Für sich allein genommen mag dabei jedes Verbot/Gebot sinnvoll sein oder zumindest einen nachvollziehbaren Ursprung haben. In der Gesamtheit entsteht allerdings der Eindruck, dass das Staaten-System, in dem wir leben, zunehmend in persönliche Angelegenheiten drängt. Mithilfe sogenannter „Nudges" („Anstupsern") geschieht das sogar auf eine Weise, die vom Einzelnen vielleicht gar nicht mehr wahrgenommen wird.

So manche Verordnungen und Gesetze sind auf den ersten Blick nicht nachvollziehbar. Warum heißt Erdbeermarmelade heute „Konfitüre"? Warum dürfen Staubsauger bald nur noch mit 900 Watt betrieben werden? Warum werden in der Seestadt Aspern die Straßen ausschließlich nach Frauen benannt?

Ein ziemlich düsteres Bild ist es, das Settele in seiner Dokumentation von abhandengekommener Freiheit zeichnet, aber es wäre nicht Österreich, wenn wir auch das nicht mit einer gehörigen Portion Humor nehmen würden. Dabei ist es alles andere als lustig und es ist höchste Zeit, da einmal genauer und in aller Ernsthaftigkeit hinzuschauen und die Realität wahrzunehmen. Viele dieser Regeln entbehren einfach jeder Vernunft, sind teuer, entmündigen die Menschen und nehmen ihnen das Denken ab.

Industrie 4.0 – die Arbeit wird uns nicht ausgehen

Realitätssinn ist nicht nur im Alltag gefragt, sondern auch bei der Suche nach einem passenden Aufgabenumfeld. Studien belegen, dass der häufigste Grund dafür, dass Arbeitssuchende so viele Enttäuschungen in Form von Absagen hinnehmen müssen, die Tatsache ist, dass sie sich wahllos und für die falschen Jobs bewerben. „Ich habe an die fünfzig Bewerbungen geschickt, aber lauter Absagen erhalten, von manchen Unternehmen nicht einmal eine Nachricht …", das ist ein Satz, den die meisten Personalverantwortlichen kennen. Nicht die Menge an Bewerbungen zählt, sondern die eine, richtige Bewerbung. Wenn jemand innerhalb weniger Wochen und Monate fünfzig Bewerbungen verschickt, ist die Wahrscheinlichkeit gleich 100 Prozent, dass nicht mehr als eine einzige passgenaue Position angeschrieben wurde. Aber je schlauer und vernetzter unsere Maschinen und Computer in naher Zukunft werden, desto mehr Arbeitsplätze werden ohnehin wegfallen. Maschinen erledigen demnächst unsere Arbeit! Klingt logisch, stimmt aber nicht, sagt auch Arbeitsforscher Joachim Möller. Das Gegenteil ist der Fall. Selbstfahrende U-Bahnen und Autos, sprechende Handys und Roboter, die Fabriken verlassen: Selbst für technische Laien häufen sich die Indizien, dass wir uns in der ersten Phase einer neuen industriellen Revolution befinden. Experten erwarten eine radikale Wandlung der Industrie und Produktion in den nächsten Jahren: Zu einem hochflexiblen, vernetzten Prozess, in den Kunden und Zulieferer direkt eingebunden sind und der es ermöglicht, individuelle Produkte in Echtzeit und zu Bedingungen herzustellen, die vorher großen Serienproduktionen vorbehalten waren. Die technischen Grundlagen dafür sind schnelle Datenleitungen und neue Technologien. Dazu gehören künstliche Intelligenz durch lernende Maschinen, mobile Roboter, Cloud-Computing und Big Data. Industrie 4.0 ist das Schlagwort. Sie gilt als die Zukunft des verarbeitenden Gewerbes.

In zyklischen Abständen geht im Reich der Arbeitsdebatte das Gespenst der radikalen Verknappung um. Derzeit predigen verschiedene Theoretiker wieder das „Ende der Arbeit": Industrie 4.0 und künstliche Intelligenz werden massenweise Arbeit vernichten und zu einer gewaltigen Krise der Erwerbsgesellschaft führen. Das ist Unsinn, auch wenn es immer sehr überzeugend und logisch klingt. So wenig, wie uns die Ressourcen ausgehen (das Öl ist billig wie selten, im All gibt es mehr habitable Zonen als gedacht, Energie ist prinzipiell unendlich erneuerbar), wird uns die Arbeit ausgehen.

Neue Welt der Arbeit

Jeder Technologieschub führt zu gesteigerten Nachfragen und neuen Bedürfnissen. Automatisierte Fabriken erzeugen erhöhten Bedarf technischer Expertise, während sich im Bereich von Wartung und Betreuung der Bedarf reduziert. Menschen, die aufgrund dieser Dynamik ihre Jobs verlieren, finden neue in Berufen, von denen man gestern noch nichts ahnte. Zukunftsforscher Matthias Horx nennt Arbeit „eine Ökologie, in der die nichtlinearen Gesetze der Evolution gelten". Automatisierung (nicht körperliche Arbeit) erzeugt sofort einen riesigen Bewegungs- und Gesundheits-Markt. Überall verbreitete und zugängliche Information erzeugt nicht den Wegfall von Wissensberufen, sie variiert vielmehr das Wissen, beispielsweise in Richtung Kunst, Entertainment, Kommunikations- und Erlebnis-Kultur, wobei jeder dieser Sektoren wiederum neue Kaskaden von Dienstleistung erzeugt. Wenn alles lärmt und schreit, vermehren sich die Yoga-Lehrer exponentiell. Den menschlichen Leidenschaften, Wünschen und Nöten sind ebenso wenig Grenzen gesetzt wie unserer Fähigkeit, immer ausgefallenere Bedürfnisse zu befriedigen – und damit Geld zu verdienen.

Technischer Fortschritt bedeutet immer auch, dass die menschliche Arbeitskraft produktiver wird. In der gleichen Zeit können mehr oder bessere Güter hergestellt oder Dienstleistungen erbracht werden: Bei gleichbleibender Nachfrage braucht man weniger Leute. Dann droht das, was John Maynard Keynes bereits 1931 als technologische Arbeitslosigkeit bezeichnet hat. Interessanterweise ging Keynes nicht von einem Wegfall von Jobs bei den Technologieführern, sondern bei den Nachzüglern aus. Bei innovativen Unternehmen führt der technologische Fortschritt nämlich dazu, dass die Produkte erschwinglicher werden. Dadurch wächst nicht nur ihr Marktanteil, sondern auch der Markt. Der Absatz steigt und damit das Personal in der Produktion.

Tatsache ist, dass Unternehmen, die als Vorreiter von Industrie 4.0 gelten, auch heute schon mehr Menschen beschäftigen als vorher. Auf die Volkswirtschaft übertragen heißt das: Gerade durch den Zugewinn an Effizienz, den die Industrie 4.0 mit sich bringt, bleiben wir in der Position, auch weiterhin im Wettbewerb um Produktionsstandorte eine führende Rolle spielen zu können. Es ist damit zu rechnen, dass Industrie 4.0 nicht nur die Zahl der Jobs verändert, auch die Tätigkeiten werden sich tiefgreifend ändern. Manche befürchten, dass die menschliche Arbeitskraft an den Rand gedrängt wird: Der Mensch übernimmt nur noch ausführende Tätigkeiten, die Steuerung erfolgt über anonyme vernetzte Systeme.

Keine schöne Vorstellung

Realistischer ist aber (siehe oben), dass der Mensch die Kontrolle über die Produktion behält und die intelligente Technik ihm zuarbeitet. Nach dieser Vision wird der Mensch von monotonen, körperlich anstrengenden Tätigkeiten entlastet und erhält die Möglichkeit, seine Kreativität und Flexibilität stärker einzubringen als jemals zuvor. Auch könnte dies die Inklusion fördern, da die Technologie in der Lage ist, Behinderungen auszugleichen.

Verschwimmende Grenzen zwischen Arbeitszeit und Freizeit

Klar ist, dass die Veränderungen für den Einzelnen Chancen, aber auch große Herausforderungen bergen. Selbstständige Lösungen werden verlangt und zugleich werden fundierte Kenntnisse im digitalen und Software-Bereich gefragt sein. Da sich die Verhältnisse schnell ändern können, braucht es Flexibilität im Job und lebenslange Bereitschaft, sich neues Wissen anzueignen. Höherqualifizierte – mit Hochschul- oder qualifiziertem Berufsabschluss – werden dabei im Vorteil sein, denn sie wissen, wie man lernt, sich anpasst und gegebenenfalls neue Nischen sucht. Mehr Investitionen von Politik und Wirtschaft in Aus- und Weiterbildung wären deshalb eine erfolgversprechende Strategie – und zwar nicht nur bei Fachkräften im produzierenden Sektor. Die industrielle Revolution 4.0 macht auch vor dem Dienstleistungssektor nicht halt. Die Verbindungen zwischen verarbeitendem Gewerbe und anspruchsvollen Dienstleistungen werden enger, die Schnittstellen größer.

Think digital

Die Digitalisierung der Arbeitswelt betrifft uns alle. Im Zeitalter der globalen Erreichbarkeit verschwimmen die Grenzen zwischen Arbeitszeit und Freizeit zunehmend. Um eine E-Mail zu schreiben, an einer Konferenz teilzunehmen oder gar eine „smart factory" zu steuern, muss der Mensch nicht mehr vor Ort sein. Er kann das bequem mit einem digitalen Endgerät von zu Hause aus tun – ist dadurch aber auch rund um die Uhr einsetzbar. Arbeitgeber räumen den Mitarbeitern damit zwar eine größere Flexibilität zum Erledigen der Arbeiten ein, sie erwarten aber im Gegenzug auch eine größere Flexibilität von den Arbeitnehmern selbst. So gehen in einer Studie des Fraunhofer-Instituts für Arbeitswirtschaft und Organisation zwei Drittel der befragten Experten aus Wirtschaft und Wissenschaft davon aus, dass in der nächsten Dekade „eine gelebte Work-Life-Integration", also ein sich wechselseitig beflügelndes Zusammenwirken von Arbeiten und Freizeit, immer stärker als Statussymbol gelten wird. Der Anteil der Selbstständigen, der Gründer, Co-Worker, Projektarbeiter ist deutlich angestiegen. Aber nach wie vor bildet abhängige Lohnarbeit die zentrale kulturelle Matrix. Die Angst vor dem Sicherheitsverlust ist teilweise sogar noch größer geworden – hysterische Debatten um Burnout, Armut, Zuwanderung und Billiglöhne verstärkten eher die Ängste, als Freiheiten zu befördern. Und dennoch hat sich tief im Organismus der Arbeit etwas verändert. Hierarchien werden flacher, Erwerbsformen flexibler und mobiler und langsam löst sich Arbeit von der Präsenz. Besonders in Skandinavien pflegt man heute eine dynamische Mischung von Job-Training und Individualisierung der Arbeit, die Sicherheit mit Mobilität kombiniert. Dass dieser Transformationsprozess weitergehen wird, dafür sorgen schon die aktiven Megatrends: Durch den Megatrend Female Shift entstehen vielfältige Arbeitsmodelle jenseits der Acht-Stunden-Logik – auch für Männer; und die Talente der Älteren werden zunehmend gesucht.

Ein großes Missverständnis ist nach wie vor die Idee, zwischen Arbeit und Leben ließe sich eine perfekte Balance herstellen. Es ist wie mit der berühmten „Nachhaltigkeit": ein Ideal, das umso abgestandener wird, je mehr man sich ihm nähert. Wer halb arbeitet und halb lebt, macht beides nicht wirklich. Wir sollten lieber von Integration sprechen. Es gibt Zeiten, in denen Leben und Arbeit verschmelzen – Arbeit wird dann schöpferische Zeit. Und es gibt Zeiten, in denen die Familie in ihren vielen Formen Freiräume vom Erwerb einfordert. Und es mag Zeiten geben, wo die Gesundheit volle Aufmerksamkeit und Abstand von der Arbeit fordert.

Mögest du in interessanten Zeiten leben!

Dazwischen müssen wir improvisieren, kombinieren, hin- und herschwingen. Man kann sein Vater- oder Muttersein nicht beim Pförtner abgeben und auch nicht seinen Beruf oder seine Berufung. Im besten Sinne können sich beide Sphären gegenseitig befruchten: in jenen Tugenden und Eigenschaften, die das Leben wie auch die Arbeit bereichern: Kreativität, Optimismus, Resilienz, Veränderungsbereitschaft, Mut, Neugier … Lebenslanges Lernen wird zur Prämisse. Wie in jeder guten Ehe ist Mitarbeit von beiden Seiten gefragt. Denn: Verändert sich die Arbeit, dann verändern sich auch die Anforderungen an Führungskräfte und Mitarbeiter: Gute Bildung wird auch in Zukunft sehr wichtig sein, sagt der Trendforscher Sven Gabor Janszky, allerdings keine, die auf reinem Faktenwissen beruht. Gefragt sei eine Problemlösungskompetenz, mit der man für viele Branchen gut gewappnet ist. Außerdem gehören hohe Flexibilität, Motivation, Fortbildung und mehr Eigenverantwortung mit ins Portfolio künftiger Mitarbeiter.

Der klassische „Nine-to-Five-Job" im Büro dürfte schon

bald der Vergangenheit angehören. Je nach Anforderung und Bedarf werden sich unterschiedliche Arbeitsmodelle durchsetzen. Etwa Kollegen, die sich eine Stelle teilen oder andere, die regelmäßig Gleitzeiten nutzen, auf ein Projekt bezogen oder einfach so gerne mal von zu Hause aus arbeiten. Oder einfach dann arbeiten, wann sie arbeiten wollen. Das kann auch einmal am Wochenende sein. Außerdem müssen Unternehmen, die gute Fachkräfte für sich gewinnen wollen, etwas bieten: mehr Mitsprache etwa, interessante Projekte und ein adäquates Einkommen. Die Einkommensunterschiede in unserer Gesellschaft sind groß und werden noch größer, wie das Deutsche Institut für Wirtschaftsforschung in einer Studie festgestellt hat. Demnach steigen mit dem Bildungsgrad und dem Alter auch die Jahreseinkommen. Das Nachsehen haben die Beschäftigten, die ohnehin wenig verdienen. Und in Zukunft werden gering qualifizierte Arbeitnehmer noch weniger verdienen als heute. Das hat verschiedene Gründe, sagt Professor Enzo Weber vom Institut für Arbeitsmarkt- und Berufsforschung in Nürnberg: „Die Arbeitslosigkeit in den unteren Qualifikationsgruppen ist sehr hoch, die Tarifbindung ist über die letzten Jahre gesunken. Es hat Arbeitsmarktreformen, Flexibilisierung gegeben, immer mehr Dienstleistungsjobs, die typischerweise nicht so gut bezahlt sind wie die in der Industrie. Dazu die Globalisierung, technologischer Wandel, das ist eher etwas, wovon die Akademiker profitieren können." Und die Akademiker werden auch in den kommenden 20 Jahren noch die besten Chancen auf dem Arbeitsmarkt haben.

Konkurrenz durch Migration?

Es ist die Bilanz von nur sechs Tagen einer Woche, in der die Flüchtlingswelle 2015 auf einen Höhepunkt zusteuerte – und es sind nur die Zählungen der Bundespolizei: 46.960 Flüchtlinge kamen zwischen einem Samstag und Freitag nach Deutschland, zwischen 7000 und 8000 Menschen reisten in dieser Zeit pro Tag ein. Ein ähnliches Bild an den österreichischen Grenzen. Viele der Zuwanderer werden, sofern und sobald sie es dürfen, auf den Arbeitsmarkt drängen und ihre Familien nachholen, sofern sich in ihren Heimatländern die Situation nicht bessert. Dass sie auf unseren Arbeitsmärkten mit den Einheimischen um Jobs konkurrieren und die Löhne drücken, ist eine verbreitete Furcht. Zu Recht? Vielleicht. Vielleicht aber auch nicht. Frühere Einwanderungswellen in Deutschland und anderen Ländern haben für die Arbeitsmarktchancen Einheimischer eher geringe Folgen gehabt. Teils, weil den Neuankömmlingen die Integration in den Arbeitsmarkt von vornherein nicht gelang. Und wenn doch, dann waren es zumeist frühere Migrantengruppen, die unter Druck gerieten. „Flüchtlingsströme haben einen kleinen Effekt auf die Beschäftigung heimischer Arbeitskräfte, aber vernachlässigbare Folgen für ihre Löhne", schreibt Semih Tumen in einer neuen Studie für die „World of Labor"-Plattform des Bonner Instituts zur Zukunft der Arbeit (IZA). Für deutsche und österreichische Arbeitnehmer sind die Flüchtlinge zunächst gar keine wirkliche Konkurrenz bei der Jobsuche. Viele Flüchtlinge sprechen unsere Sprache nicht, sind schlecht qualifiziert oder ihre Berufsabschlüsse werden nicht anerkannt. Verlässliche Aussagen über das Qualifikationsniveau der Neuankömmlinge trauen sich momentan nicht einmal die Experten zu. Einer aktuellen Studie des Instituts für Arbeitsmarkt- und Berufsforschung (IAB) zufolge haben aber nur 5 Prozent aller erwerbsfähigen Flüchtlinge aus Krisenländern einen akademischen Abschluss. 87 Prozent fehlt die Berufsausbildung. Wir sind dazu aufgerufen, in der Kommunikation genau zu unterscheiden zwischen den ausländischen Fachkräften, die unsere Wirtschaft so dringend braucht (aufgrund des Mangels an Technikern, Automations- und IT-Experten etwa) und den Flüchtlingen, die abhängig von der Situation in ihren Heimatländern vielleicht auch irgendwann zu Migranten werden. In der Regel werde der Wettbewerb deswegen zwischen den Einwanderern früherer Generationen und den neuen stattfinden, sagt Jens Ruhose, Bildungsökonom am ifo-Institut. Vor allem frühere Migrantengruppen müssen sich also sorgen. Die hohe Zahl der Neuankömmlinge dürfte zumindest für sie über kurz oder lang spürbare Folgen auf dem Arbeitsmarkt haben. Zur Wahrheit gehört auch: In der Vergangenheit waren im Durchschnitt 90 Prozent aller Flüchtlinge in den ersten zwei Jahren nach ihrer Ankunft arbeitslos. Nach fünf Jahren könnte es noch immer rund die Hälfte sein, sagt DIW-Chef Marcel Fratzscher. Laut IAB haben Flüchtlingsgruppen, die nach 1995 nach Deutschland gekommen sind, 13 Jahre gebraucht, um die gleiche Beschäftigungsquote zu erreichen wie andere Einwanderer. Allerdings hat der Staat auch wenig getan, um sie in den Arbeitsmarkt zu integrieren. Schon die Einwanderungswelle in den 1960er-Jahren verlief nicht reibungslos. Zwar wurden die damals sogenannten Gastarbeiter nach Deutschland und nach Österreich geholt, um offene Stellen zu besetzen. Allerdings haben die Gastarbeiter-Familien bei der Bildung nur sehr langsam aufgeholt, sagen Arbeitsmarktexperten. Selbst in der dritten Generation sei noch ein Bildungsrückstand zu erkennen. Die erste große Flüchtlingswelle gab es in den 1990er-Jahren. Aussiedler zogen nach dem Fall des Eisernen Vorhangs ins Land ihrer Vorfahren, Afrikaner flüchteten vor Bürgerkriegen in Burundi, Kongo oder Simbabwe. Wegen des Balkankriegs retteten sich 350.000 Menschen aus dem ehemaligen Jugoslawien in die Bundesrepublik. Die meisten von ihnen kehrten später wieder in ihr Land zurück. Lediglich 20.000 Menschen aus Bosnien-Herzegowina blieben dauerhaft. Wie die Einwanderer der 1990er-Jahre in den Arbeitsmarkt integriert wurden, ist kaum erforscht. Insgesamt funktionierte die Integration wohl eher schlecht. Nur ein Drittel der neuen Migranten aus der Türkei und Osteuropa verdiene seinen Lebensunterhalt aus Erwerbstätigkeit selbst, stellte Johannes Velling in einer Studie im Jahr 1995 fest. Bei Flüchtlingen aus anderen Ländern war der Anteil mit 23 Prozent noch geringer. Einzig Flüchtlinge aus Ex-Jugoslawien stachen mit 57 Prozent Erwerbstätigen heraus. Und die Probleme hielten noch lange an. „Bis Anfang der 1990er-Jahre waren Immigranten relativ gut in den deutschen Arbeitsmarkt integriert", heißt es in einer OECD-Studie von 2005. Danach habe sich die Situation insbesondere für Aussiedler und Spätaussiedler mit weniger als acht Jahren Aufenthalt verschlechtert. Deren Erwerbsquote sei bei den Männern seit 1992 um knapp 20 Prozentpunkte zurückgegangen.

Ein Grund für den Anstieg der Arbeitslosigkeit von Ausländern war die damals schlechte Wirtschaftslage. Auch das IAB stellte 2007 in einer Studie gerade bei den Aussiedlern große Schwierigkeiten fest. Während jeder fünfte Ausländer ohne Beschäftigung sei, treffe dies auf fast jeden dritten Aussiedler zu. Grund: Spätaussiedler besitzen nur geringe Qualifikationen oder solche, die nicht anerkannt werden. Damit die Staatsfinanzen auf Dauer entlastet werden, müssen die Flüchtlinge zu Facharbeitern werden, so der Aufruf von Experten. Und das dürfe nicht mehr als zehn Jahre dauern. Sonst kämen die Vorleistungen des Steuerzahlers nie wieder herein. Die aktuelle Flüchtlingswelle wird uns vor Herausforderungen stellen und sie tut es schon jetzt, aber auch am Arbeitsmarkt werden wir gefordert sein, die neuen Kräfte bestmöglich auszubilden und zu funktionierenden Gliedern in unserer volkswirtschaftlichen Kette zu machen, denn das ist letztendlich in unser aller Interesse.

Fazit: Doch einiges an Neuem

Dachten wir anfangs, es gäbe nicht viel Neues, so waren wir dann während des Schreibens selbst überrascht, so komprimiert zu sehen, mit welchen Veränderungen in der Arbeit wir bereits konfrontiert sind und welche uns bevorstehen. In einer Ehe würde man sagen: Wir haben uns ein wenig auseinanderentwickelt, die Arbeit und wir.

Zur Resignation gibt es allerdings keinen Grund. Im Gegenteil, wenn sich nichts bewegt, verändert sich auch nichts zum Besseren. Bei der insgesamt großen Unzufriedenheit und der gleichzeitig hohen Dynamik, die derzeit am Sektor Arbeit herrscht, sollten wir jede Veränderung begrüßen und als eine Chance begreifen. Allerdings sollten wir nicht faul sein und die Entwicklung einfach auf uns zukommen lassen, sondern uns auf allen Ebenen aktiv damit auseinandersetzen und Gestaltungsmöglichkeiten nutzen. Wir wissen heute: Interaktive, wissensintensive und kreative Tätigkeiten werden mehr Zukunft haben als andere. Es braucht daher neue Ideen für Arbeitsgestaltung und Kompetenzentwicklung gerade in der Ausbildung und der Weiterbildung – und es braucht Konzepte, um jene Arbeitskräfte einzubinden, die bisher zu den Verlierern der Entwicklung gehören. Verlassen wir uns nicht darauf, dass andere diese Konzepte liefern. Manchmal funktioniert die (Arbeits-)Welt ganz einfach: Fragen Sie Ihre Kollegen oder Mitarbeiter nach ihren Vorstellungen, wenn sie das Thema „Arbeit" komplett neu denken könnten, und dann prüfen Sie, was in Ihren Unternehmen, in Ihren Abteilungen, in Ihrer persönlichen Balance von Arbeit–Leben–Sinn sofort umsetzbar ist. Es ist die Philosophie der kleinen Schritte, die große Veränderung bringt – auch und besonders im Chaos und in Zeiten hoher Komplexität.

Lassen Sie uns mutig sein. Unzeitgemäß.

Und lassen Sie uns keine Angst haben, denn Angst zementiert das Gestrige, betoniert Hierarchien und ungesunde Verhältnisse ein. Angst war schon immer ein schlechter Ratgeber.

Danksagung

Die Erzählungen in unserem Buch sind anonymisiert und mit den jeweiligen Betroffenen abgesprochen. Sollten Sie also das Gefühl haben, es sei von Ihnen persönlich die Rede, kann das also von vornherein als Irrtum ausgeschlossen werden. Unser Dank gilt all jenen, die uns erlaubt haben, ihre Geschichten zu verwenden. Besonders danken wir unseren Familien für ihre große Geduld.

Literatur

Baxter, Richard: A Christian Dictionary. Christian Politics (Volume 4), 2014.

Berschneider, Werner: Sinnzentrierte Unternehmensführung, 2003.

Böckmann, Walter: Sinn-orientierte Leistungsmotivation und Mitarbeiterführung, Stuttgart 1980.

Finsterer, Susanne –Fröhlich, Edmund: Generation Chips. Computer und Fastfood – was unsere Kinder in die Fettsucht treibt, Wien 2007.

Fraberger, Georg: Ohne Leib mit Seele, Salzburg 2013.

Fraberger, Georg: Ein ziemlich gutes Leben, Salzburg 2014.

Frankl, Viktor E.: Ärztliche Seelsorge. Grundlagen der Logotherapie und Existenzanalyse, Frankfurt am Main 1987.

Frankl, Viktor E.: Die Sinnfrage in der Psychotherapie, München 1994.

Frankl, Viktor E.: Das Leiden am sinnlosen Leben. Psychotherapie für heute, Freiburg – Basel – Wien 1997.

Frankl, Viktor E: Der Wille zum Sinn. Ausgewählte Vorträge über Logotherapie, München 1997.

Frankl, Viktor E.: Der unbewußte Gott. Psychotherapie und Religion, München 1988.

Hahn, Udo: Sinn suchen – Sinn finden: was ist Logotherapie?, Göttingen – Zürich 1994.

Lotter, Wolf: Schwerpunkt Denken, in: brand eins, 11/2009.

Lotter, Wolf: Schwerpunkt Fortschritt wagen, in: brand eins 7/2013.

Riedel, Christoph – Deckart, Renate – Noyon, Alexander: Existenzanalyse und Logotherapie. Ein Handbuch für Studium und Praxis, Darmstadt 2002.

Springer-Gabler-Wirtschaftslexikon, URL: http://wirtschaftslexikon.gabler.de/Stichwort-Ergebnisseite.jsp, abgerufen am 15. Mai 2015.

Weber Max: Wirtschaft und Gesellschaft, Tübingen 1972.

Die Autoren

Mag. Klaus Fetka

Studium der Rechtswissenschaften an der Karl-Franzens-Universität Graz. Er ist seit 1999 in der Porsche Inter Auto GmbH & Co KG, der Einzelhandelsgruppe der Porsche Holding, tätig und verantwortet den Bereich Personal und Personalentwicklung für rund 8.000 Mitarbeiter in Österreich und den CEE-Ländern. Davor war er in verschiedenen leitenden Funktionen in der Wirtschaftskammer und in der Steirischen Volkswirtschaftlichen Gesellschaft tätig. Er ist seit 15 Jahren Geschäftsführer des Seebrunner Kreises und unterrichtet für Human Resource Management, Management & Leadership an verschiedenen Hochschulen in Österreich.

Dr. Markus Tomaschitz

Studium der Betriebswirtschaftslehre an der Karl-Franzens-Universität Graz, an der IMADEC Wien sowie an der California State University Hayward (USA). Von 1998 bis 2002 war er Geschäftsführer der Europe MPO GmbH Graz, von 2002 bis 2006 Direktor und Geschäftsführer der FH JOANNEUM; anschließend bis 2013 Executive Director Magna Education and Research GmbH. Seit 2013 ist er bei AVL List GmbH Graz und seit 2015 Vice President Corporate Human Resource Management Mitglied in verschiedenen Aufsichts- und Beiräten. Außerdem hat er Lehraufträge an Hochschulen in den USA und Europa.